生活中的数学

郭　嵩　主编

科　学　出　版　社

北　京

内 容 简 介

本书通过一个个有趣的故事，讲述了数学中的许多概念与方法是怎样在生活中逐步产生和发展的，使读者能够更为亲切地接触数学发展的历史。内容包括：改变世界的数学、游戏中的数学、有用的数学。书中的每一个数学问题和故事，都来源于生活。希望读者在阅读本书之后，能够知道数学与生活的密切联系，懂得数学是人们了解世界、认识世界的强有力的工具，也能够认识到在学习数学的过程中，可以培养人的分析能力、应用能力和逻辑思维能力，这些能力对人的发展会发挥长久的作用。

本书可作为普通高等院校的通识教育选修课教材，也可供教师教育研究者和中学教师等参考。

图书在版编目(CIP)数据

生活中的数学 / 郭嵩主编. — 北京：科学出版社，2017.6
ISBN 978-7-03-051549-0

Ⅰ. ①生… Ⅱ. ①郭… Ⅲ. ①数学-普及读物 Ⅳ. ①O1-49

中国版本图书馆 CIP 数据核字(2017)第 006752 号

责任编辑：胡海霞/责任校对：彭 涛
责任印制：张 伟/封面设计：迷底书装

科学出版社 出版
北京东黄城根北街 16 号
邮政编码：100717
http://www.sciencep.com
北京盛通数码印刷有限公司 印刷
科学出版社发行 各地新华书店经销
*
2017 年 6 月第 一 版 开本：720 × 1000 1/16
2024 年 1 月第十三次印刷 印张：6 1/2
字数：128 000

定价：25.00 元
(如有印装质量问题，我社负责调换)

前　言

数学来源于生活。生活是千变万化的，数学也是千变万化的。本书力图以有趣的方式，讲述数学是怎样从生活中得到灵感，逐步产生和发展的。希望读者能从本书中看到数学不是让人望而生畏的枯燥计算，而是一门与生活有着密切联系的学科。

数学是有趣的。许许多多的数学知识是从游戏中诞生的。知识和规律就在那里，如何发现它、认识它，让它发挥作用，需要开放的心灵和智慧的眼睛。

数学是有用的。数学和自然科学的其他学科一样，是人类认识自然、了解自然、利用自然的工具。人类的普通生活无处不渗透着数学，应用着数学。掌握了数学，你就拥有了一件强有力的武器。

学习数学并不一定要成为数学家。现代社会分工越来越细，每个人都会在学校里学习数学课程，但最终从事数学研究的只有一小部分人。这并不意味着数学家以外的人们就不需要学好数学。学习数学，重要的是能够培养并提高分析能力、应用能力和逻辑思维能力。这些能力会对人们永远有帮助。

编　者

2016 年 9 月 10 日

目　　录

1 改变世界的数学

在许多人的印象里，数学似乎是由书斋里的一群书呆子想出来的。与这种刻板印象相反，数学其实是在大千世界中被发现的，它是为了满足人们对现实世界认识的需要而逐步发展起来的。在数学发展的许多转折点上，还往往伴随着许许多多有趣的故事。

1.1 铁锤与音乐

“铛……铛……铛……”，偶然走过一家打铁店门口，古希腊数学家、哲学家毕达哥拉斯(Pythagoras，约公元前 580～前 500)(图1.1)被铁锤打铁的声音吸引了。毕达哥拉斯不仅是古希腊著名的数学家，还是一位音乐家。他觉得从打铁店里传来的铁锤有节奏的打铁声异常地悦耳。这是怎么回事呢？毕达哥拉斯好奇地走进了打铁店。

图 1.1　古希腊数学家毕达哥拉斯

在打铁店里，毕达哥拉斯听了好长时间的打铁声，还自己拎起铁锤敲了好多下。最后，他终于发现，有四个铁锤连续敲打的时候声音特别悦耳。这四个铁锤的重量比恰好是 12∶9∶8∶6。他们两两一组来敲打时都发出了非常和谐的声音，分别是 12∶6＝2∶1 的一组，12∶8＝9∶6＝3∶2 的一组，12∶9＝8∶6＝4∶3 的一组。这难道就是规律吗？

回家以后，毕达哥拉斯用单弦琴做实验对这个规律进一步进行了验证。单弦琴弹奏可以发出声音。毕达哥拉斯做了好多琴弦，让这些琴弦的长度保持固定的比例，然后连续弹奏并比较它们的声音。就这样，毕达哥拉斯最后总结出了著名的琴弦律：

(1)当两个音的弦长成为简单整数比时，同时或连续弹奏，所发出的声音是和谐悦耳的。

(2)两音弦长之比为 4∶3，3∶2 及 2∶1 时，所发出的声音是和谐悦耳的。

根据这样的规律，人们在制作乐器时，只要保持好它们的大小比例就可以了。琴弦的长度就决定了它们的发音。如果琴的一根弦发出的音是 1(do)的话，那么根据 2∶1 的比例，取 1/2 长度的弦弹奏就会发出高八度的 1(do)，根据 4∶3 的比例，取 3/4 长度的弦弹奏会发出 4(fa)的声音，其他的，8/9 长度的弦发出

2(re)，64/81 长度的弦发出 3(mi)，等等。像竖琴这样的乐器，有很多不同长度的琴弦，就可以弹奏出很多不同的声音让演奏者们尽情组合(图 1.2)。

图 1.2　西方的乐器——竖琴

以上是西方古代制作乐器的方法，那么中国古代是如何制作乐器的呢？在中国春秋战国时期的《管子·地员篇》《吕氏春秋·音律篇》等古书上记载了中国古代制作乐器的“三分损益律”。具体来说是取一段弦，“三分损一”，即均分弦为三段，舍一留二。这样得到的比例不就是 3∶2 吗？如果“三分益一”，即弦均分三段后再加一段，这样得到的琴弦比例就是 3∶4(图 1.3)。所以中国古代也以相似的方式认识到了琴弦的规律。

图 1.3　中国古代的乐器——七弦琴

不过，虽然规律一样，中国古琴的弹奏方法还是和竖琴不同的。在制作竖琴时，琴弦的长度就不一样。而中国古琴的弹奏方法是左手按弦，右手拨弦，是借助于两只手的动作来改变所弹琴弦的长度的。

到了十六世纪，意大利数学家、物理学家、天文学家伽利略（Galileo，1564～1642)发现声音是物体振动产生的，而音调决定于振动的频率。因为琴弦振动的频率跟弦长成反比，所以不同长度的琴弦会弹奏出不同的声音。琴弦律就这样得到了科学的解释。

1.2 分牛和分马

在古代印度流传着这样一个“分牛”的故事。

有一个农夫，死后留下了 19 头牛。他临死前立下了一个奇怪的遗嘱：“19 头牛中的一半分给长子，1/4 分给次子，1/5 分给小儿子。”看到这份遗嘱，大家都感到迷惑不解。19 头活生生的牛怎么能分成相等的两份？或分成 4 份？6 份？正当农夫的儿子们在为怎么分法争论不休时，一个陌生人牵着一头牛正好走过。农夫的儿子们向他求助。这个陌生人把自己的牛也放进了牛群里，然后开始履行遗嘱。他把这些牛的一半，10 头给了老大。老二得到 20 头中的 1/4，即 5 头。小儿子得到 20 头中的 1/5，即 4 头。陌生人分完了以后说：“10 加 5 加 4 正好是 19。余下的那头刚好还给我。”这真是个绝妙的办法，遗嘱的问题就这样解决了。

在古代世界的其他地区，也流传着类似的一些“分遗产”故事。比如说在古老的丝绸之路上，流传着阿凡提分骏马的故事。11 匹骏马，死去的父亲的遗嘱要求三个儿子按照 1/2，1/4，1/6 的比例进行分配。读者们能像聪明的阿凡提一样找到解决问题的办法吗？解决办法和分牛是类似的。阿凡提把他的小毛驴借给了三个儿子。三个儿子按照 1/2，1/4，1/6 的比例分别得到骏马的数量为 6 匹、3 匹、2 匹，然后把小毛驴又还给了阿凡提。

阿凡提真聪明！在故事的背后，隐含着什么样的数学道理呢？如果我们认真分析这个问题，就会发现：遗嘱提出的分配比数相加并不是等于 1 的，即

$$1/2 + 1/4 + 1/5 = 19/20,$$

如果严格按照遗嘱执行的话，肯定有 1/20 无法分配。所以正确的分配比例就应该将 19/20 作为整体，用 1/2 除以 19/20 得到长子合理的分配比例 10/19。同理，也可以得到老二和老三合理的分配比例就是 5/19 和 4/19。

在阿凡提分骏马的故事里，1/2，1/4，1/6 加在一起刚好是 11/12。这就是为什么加了一头小毛驴，分马就可以顺利进行了。

在这些故事背后隐含的就是数学中的“分数”。在人类认识世界的过程中，最初认识到的当然是 1，2，3，…，如果什么都没有，就是 0。这些数的概念都是自然而然的产生的，也就是“自然数”。后来当人们熟悉了减法之后，为了便于小数减大数的运算，就出现了“负数”。加上了负数之后，数的范围就扩大到了“整数”。数的概念还可以再进一步地扩大。为了分配人类的各种物

品，出现了除法。而不可避免的，做除法时会出现除不尽的情况。这样一来，分数就应运而生了。

古代世界各国都相继认识到了分数的存在，也就出现各式各样的“分遗产”故事。毕竟关于分数的加、减、乘、除不是很自然地就能被人认识到的，所以这样的故事还是很迷惑人的。

1.3 满地繁花

小朋友们学数学，都是从加、减、乘、除开始学的。

今天进行加减乘除，小朋友们都是列竖式进行计算(图 1.4)。比如我们计算 25×48，就可以列出下面这样的算式。

在数学的发展历史上，大家一开始并不是这样计算的。一个很重要的问题是，最初并没有这样方便计数的阿拉伯数字。阿拉伯数字是由古代印度人首先发明，后来传到古代阿拉伯，再由阿拉伯人传播到世界各地的。这已经是比较晚的事情了。在中国古代，人们是用算筹来进行四则运算的(图 1.5)。

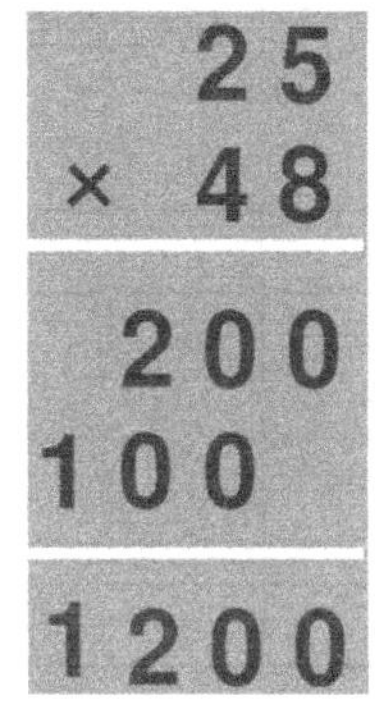

图 1.4　竖式计算 25 × 48

图 1.5　算筹计算

算筹是什么时候开始使用的，历史上找不到记载。但可以肯定的是到了春秋时期，算筹计算已经很普遍了(图 1.6)。在今天能找到的最早的关于算筹计数规律的记载，是公元 4 世纪左右中国的数学书《孙子算经》上：“凡算之法，先识其位，一纵十横，百立千僵，千十相望，万百相当。”另一部数学书《夏阳侯算经》则记载：“满六以上，五在上方。六不积算，五不单张。”

加数　23
加数　73
和　96

图 1.6　算筹计算 23 + 73 = 96

算筹计算的时候，加一根算筹表示加一个 1。当数字超过 5 的时候，就将一根算筹横过来表示 5。计算的时候，如果用的数字位数太多，为了让计算者便于区分各位数字，就规定相邻数位摆算筹的方式恰好相反。个位上是竖着摆的，十位上就横着摆以示区分。这样，个位、百位、万位摆放方法是一样的，十位、千位摆放方法是一样的。

经常计算的人会携带很多算筹，需要的时候铺在地上进行计算。有的算筹制作非常精美。进行一个位数比较多的大型计算时，满地都是铺开的算筹，那真是“满地繁花似锦簇”。

到了北宋时期，中国出现了另一个方便的计算工具——算盘(图 1.7)。

图 1.7　算盘

算盘的携带比算筹方便多了，珠算法的计算过程也比算筹法更为快捷，于是在中国算盘逐渐取代了算筹。不过在手工计算时，人们后来开始使用一种格子算法(图 1.8)。

	一	二	八	
	0 / 三	0 / 六	二 / 四	三
四	0 / 四	0 / 八	三 / 二	四
	三	五	二	

图 1.8　格子算法 $128 \times 34 = 4352$

如图 1.8 所示，我们来计算 128×34。被乘数与乘数分别有 3 个与 2 个有效数字。可以画一个中心是二行三列的方格，外面的一圈方格是记被乘数、乘数和积的，中心的二行三列都画出一系列的对角线，用来记中间计算的过程。

在方格上方的中间依次写上被乘数 128，每个方格写一个数字，右方第一列从上向下写出乘数 34，然后就开始相乘。在中间的方格里，每个方格对应到的是它所在行和所在列数字的乘积。比如中心的第一行第三列对应的是 3 和 8，乘积就是 24，那么 2 写在斜线的上方，4 写在斜线的下方。因为两个 10 以内数字相乘最多 2 位，因此两个位置足够了。如果乘出来还是个位数，就在斜线上方记 0。中心的格子都填满以后，我们就开始做最后的加法。从右下方到左上方，每一条斜线表示一个数位。个位上是 2，十位上 4 + 3 + 8 = 15 写 5 进 1，百位上 2 + 6 + 0 + 4 加进位的 1 等于 13 写 3 进 1，千位上 0 + 3 + 0 + 1 = 4。这样，我们就得到了乘法的计算结果即 128 × 34 = 4352。

这种算法据说是意大利人发明的，后来辗转传入中国。在明朝程大位(明代商人、算学家，1533～1606)所著的《算法统宗》一书中将之称为“铺地锦”。

1.4 勾股定理与无理数

如果一个分数的分子、分母除了 1 以外没有其他公约数，就称为简分数。能够用简分数形式表示的数，称为有理数。如果不能用简分数表示的，那么就不是有理数。随着有理数出现的新的“数”是无理数。历史上首先发现无理数的是古希腊数学家希帕索斯(Hippasus)。

2500 多年前的古希腊时代，曾经有一个著名的“毕达哥拉斯学派”，它的创立者是数学家毕达哥拉斯。希帕索斯是毕达哥拉斯的学生，属于毕达哥拉斯学派。毕达哥拉斯最伟大的贡献是“勾股定理”：直角三角形两条直角边的平方和等于斜边的平方。

古代巴比伦和古代中国都比古希腊更早知道勾股定理。公元前 3000 年左右古巴比伦人就知道和使用这个定理了。现存发现的一块公元前 18 世纪的古巴比伦石板，记载了若干勾股数，最大的一组为(18541，12709，13500)。也就是说，如果直角边分别长 13500 和 12709，那么斜边就应该是 18541。在中国古代的数学书《周髀算经》中记录了商高同周公的一段对话：“商高说：‘故折矩，勾广三，股修四，经隅五。’”周公是公元前 11 世纪的古人。《周髀算经》还记载了周公的后人陈子的一段话：“若求邪至日者，以日下为勾，日高为股，勾股各自乘，并而开方除之，得邪至日”。因此，中国称之为勾股定理(图 1.9，图 1.10)。

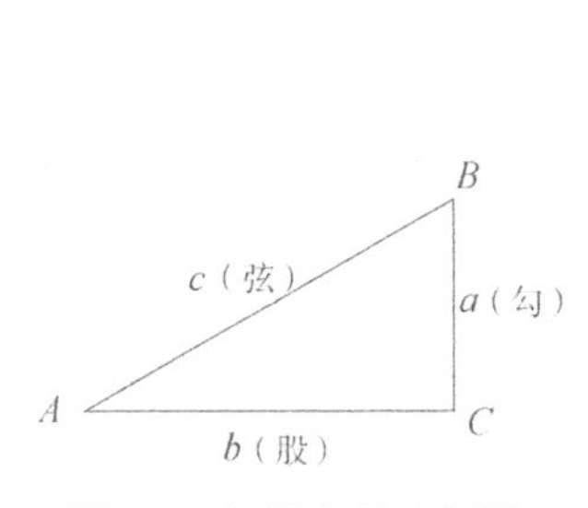

图 1.9　勾股定理示意图

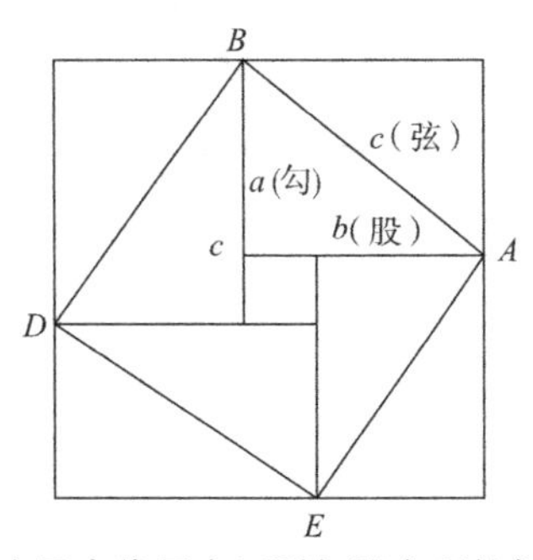

图 1.10　中国古代用来证明勾股定理的勾股圆方图

但是由于定理的第一个严格证明是毕达哥拉斯给出来的，所以直到现在，西方人仍然称勾股定理为“毕达哥拉斯定理”。据传说，当勾股定理被发现之后，毕达哥拉斯学派的成员们曾经杀了 99 头牛来大摆筵席，以示庆贺。

古代的科学家有很多喜欢把自己的发现哲学化。毕达哥拉斯的哲学观点是“万物皆数”。他所说的“数”，仅仅是整数与整数之比，也就是现代意义上的“有理数”。他认为除了有理数以外，不可能存在另类的数。然而，希帕索斯利用勾股定理，发现边长为 1 的正方形的对角线长度 $\sqrt{2}$ 并不是有理数。

我们来看看他是怎么证明的呢？假设 $\sqrt{2}$ 是有理数，可以表示成 $\sqrt{2}=\frac{p}{q}$，这里 p，q 是无公约数的整数。两边取平方，我们可以得到 $p^2=2q^2$。右边显然是偶数，所以 p^2 也一定是偶数，从而 p 也应该是偶数(因为奇数 $2k+1$ 的平方后是 $4k^2+4k+1=2(2k^2+2k)+1$ 仍旧是奇数)。所以我们可以设 $p=2a$，代入上式得 $(2a)^2=4a^2=2q^2$，两边同时消掉 2 可得 $2a^2=q^2$，这样我们可以知道 q 也是偶数。

由于 p，q 都是偶数，它们有一个公约数 2，这和我们最初假设 p，q 是无公约数的整数矛盾了，所以我们假定 $\sqrt{2}$ 是有理数不正确。

希帕索斯的发现非常重要，但是却惹祸了。毕达哥拉斯无法忍受自己的理论将被推翻，他下令：“关于另类数的问题，只能在学派内部研究，一律不得外传。”[①] 可是希帕索斯出于对科学的尊重，并没有严守秘密，将他的发现公之于众。这令毕达哥拉斯怒不可遏，下令弟子们对希帕索斯进行惩罚。希帕索斯最后被毕达哥拉斯学派的人扔进了大海。

为了科学，希帕索斯献出了自己宝贵的生命，这在科学史上留下了悲壮的一页。如果没有希帕索斯的发现，“无理数”的概念也不会那么早就引入到数学研究中来。正因为希帕索斯发现了无理数，数的概念才得以扩充。从此，数学的研究范围扩展到了实数领域。

毕达哥拉斯学派的最终结局也很悲惨。据说他们得罪了古希腊的权贵，后来遭到了权贵们的大屠杀。在科学的发展中，暴力和权力永远只会阻碍科学的进步。

---

① K V Fritz. 2004. The Discovery of Incommensurability by Hippasus of Metapontum. Annals of Mathematics. 46（2）：242-264.

1.5 割圆术与圆周率

中国古代有一句话：“圜，一中同长也”。意思是说：“圜”只有一个中心，周围的每一点到中心的距离都相等。当然这就是圆了。世界各国的古代都有对圆的研究。那么在中国，圆是怎么被研究的呢?

早在中国先秦时期，《墨经》上就已经给出了圆的这个定义，《周髀算经》里也记载了数学家商高与周公讨论过圆与方。认识了圆，人们也就开始了有关于圆的种种计算，特别是经常需要计算圆的面积。中国古代数学经典著作《九章算术》(图 1.11)在第一章“方田”中写到“半周半径相乘得积步”，也就是我们现在所熟悉的圆面积公式。

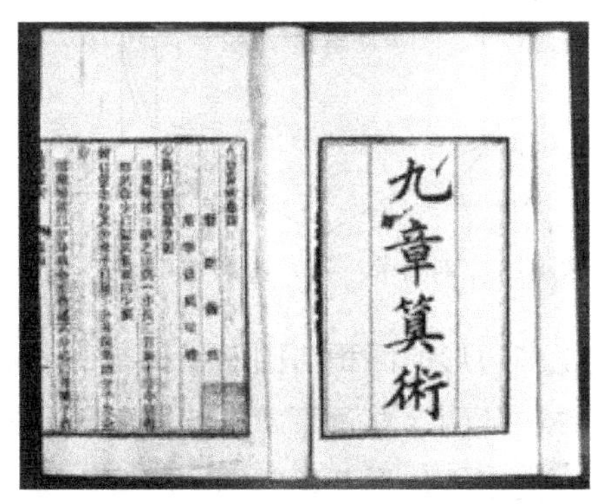
九章算術

图 1.11 九章算术

为了证明这个公式，中国三国时期数学家刘徽(约 225～295)(图 1.12)于公元 263 年撰写了《九章算术注》，在公式后面写了一篇 1800 余字的注记，这篇注记就记载了数学史上著名的“割圆术”。

图 1.12 刘徽

根据刘徽的记载，在他之前，人们求证圆面积公式时，是用圆内接正十二边形的面积来代替圆面积的。应用出入相补原理，将圆内接正十二边形拼补成一个长方形，借用长方形的面积公式来计算《九章算术》中的圆面积公式。刘徽指出，这个长方形是以圆内接正六边形周长的一半作为长，以圆半径作为高的长方形，它的面积是圆内接正十二边形的面积(图 1.13)。这种论证“合径率一而弧周率三也”，也就是后来常说的“周三径一”。圆周长是半径的三倍，当然这是不严密的近似值。

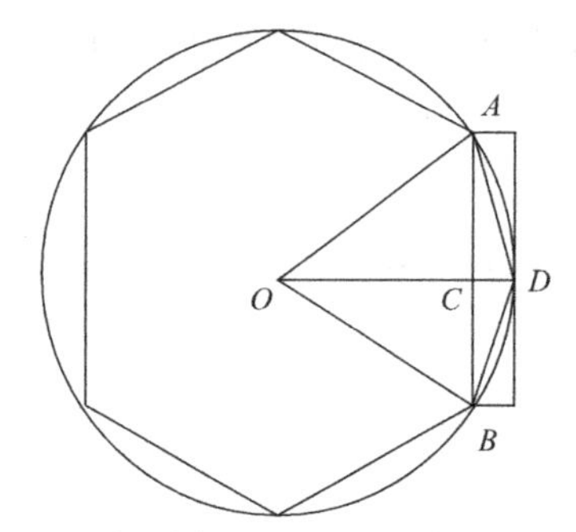

图 1.13　割圆术：正六边形到正十二边形

刘徽认为，圆内接正多边形的面积与圆面积都有一个差，只对圆形做有限次的分割、拼补，是没有办法证明《九章算术》的圆面积公式的。因此，他大胆地进一步分割圆周，从圆内接正六边形开始割圆，将圆内接正多边形的边数不断加倍。这样一次次的计算结果，就构成了一个序列，它们与圆面积的差将越来越小。当边数不能再加的时候，圆内接正多边形的面积的极限就是圆面积。用刘徽的话来说，就是“割之弥细，所失弥少，割之又割，以至不可割，则与圆周合体，而无所失矣。”

刘徽考察了内接多边形的面积，也就是它的“幂”，同时提出了“差幂”的概念。“差幂”是后一次与前一次割圆的差值。刘徽指出，在用圆内接正多边形逼近圆面积的过程中，圆半径在正多边形与圆之间有一段余径。以余径乘正多边形的边长，即 2 倍的“差幂”，加到这个正多边形上，其面积则大于圆面积。这是圆面积的一个上界。同样的多次分割，也构成一个序列。刘徽认为，当圆内接正多边形达到与圆相合的极限状态时，“则表无余径。表无余径，则幂不外出矣。”[①]也就是说，余径消失了，余径的长方形也不存在了。这时候，圆面积的这个上界序列的极限也是圆面积。于是内外两侧序列都趋向于同一数值，即等于

① 刘徽. 公元 263 年. 九章算术注.

圆面积。这样就能完全证明圆面积公式，随着圆面积公式的证明，刘徽也同时创造出了求圆周率近似值的科学程序。为了得到高精度的结果，刘徽又利用“差幂”对割到 192 边形的数据进行再加工，通过简单的运算，附加的计算量几乎可以忽略不计，竟然可以得到 3072 多边形的效果。基于这样精妙的运算，刘徽最终得出的圆周率 π，为 3.1416，这个计算精度在古代已经是非常高了，甚至超过了古希腊数学家计算的最高精度。

刘徽在《九章算术注》的自序中表明，他把探究数学的根源，作为自己从事数学研究的最高任务。“割圆术”将极限和无穷小分割引入数学证明，成为人类文明史中不朽的篇章。

1.6 牟合方盖的故事

“牟合方盖”(图 1.14)，这个奇怪的东西是什么呢？原来这是大数学家刘徽想出的立体图形，指的是两个同样大小的圆柱体垂直相交时，相交的这部分：作一立方体，先自左而右作内切圆柱，再自前而后作内切圆柱。正立方体经过两次切割得到一个立体图形，像是上下相对的两把方伞，故名“牟合方盖”(牟，上下相等之意；盖，伞也)。

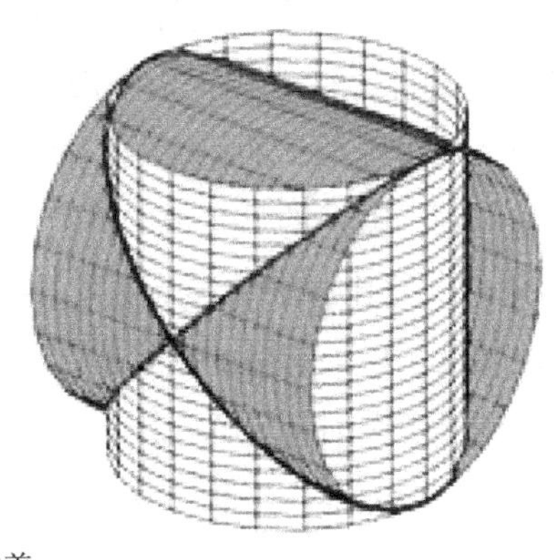

图 1.14　牟合方盖

这个立体好像很古怪。其实，它是中国古代的数学家们为了解决球的体积计算问题而提出来的。当数学家们知道了圆面积等于圆周率乘以半径的平方之后，很自然的，又会想去计算球的体积。然而这可是一个更为困难的工作，耗费了许多中国古代数学家们的精力。

中国西汉末年成书的《九章算术》中，已经记载着柱、锥、台、球等各种体积的计算问题。除了球以外，其他各项的体积公式都和现在是一致的。但是由于球的体积比较难求，当时未能找到正确公式。书中所载的球体积公式，相当于 $V=\frac{3}{2}\pi R^3$，和正确结果 $V=\frac{4}{3}\pi R^3$ 相比，它的误差很大(这里 R 表示球的半径)。

《九章算术》成书后，中国数学家们逐渐发现了这一问题，东汉时代的大科学家张衡(78～139)(图 1.15)的脑子里出现了一个有价值的想法。

图 1.15　张衡

他设想了一个边长等于球直径的立方体，把球装在里面，使它们相切。他想：如果能求出立方体与内切球的体积之比，球体积问题当然就容易解决了。这是数学中“标准”的想法——把比较难解决的问题转化为可以解决或相对容易解决的问题。遗憾的是，他的计算方法不对，最后给出的是立方体与球的体积之比为 8∶5，这比原来的误差更大，结果更不理想。张衡的结果虽然不好，但是研究方法却给了后人有益的启示。

到了三国时期，大数学家刘徽开始解决球体积问题。在研究球体积时，他想出了“牟合方盖”这种立体图形。刘徽正确地指出，“牟合方盖”的体积与球体积的比值可能是 4∶π。不过遗憾的是，他没能最终求出“牟合方盖”的正确体积，问题继续遗留了下来。

数学家们是前仆后继的。二百年以后，两位数学家继续沿着刘徽的道路前进。他们是中国南北朝时期祖冲之(429～500)(图 1.16)和他的儿子祖暅(生卒年不详)。

图 1.16　祖冲之

祖冲之将圆周率计算到了小数点后 7 位，算出 π 在 3.1415926 和 3.1415927 之间，而祖暅则彻底解决了球体积问题。在推算过程中，祖暅提出了“幂势即同，则积不容异”(即二立体在等高处截面积恒相等，则二立体体积相等)的公理。后来中国称之为“祖暅原理”。这个原理到了 17 世纪由意大利数学家卡瓦列里（Cavalieri，1598～1647)重新发现，因此西方称之为卡瓦列里原理。根据祖暅原理，可以将牟合方盖的体积化成正方体与一个四棱锥的体积之差，所以其体积等于$V=\frac{16}{3}R^3$，由此就得到了球的体积$V=\frac{4}{3}\pi R^3$。

这样，经过长期的努力，球体积的秘密终于在中国数学家的眼前被揭开了。牟合方盖这样一把钥匙，也就永远留在了数学史上。今天，在人们掌握了微积分这一数学工具之后，计算“牟合方盖”的体积已经变得比较容易了。在许多大学数学的教材上，虽然不一定告诉读者这一立体在中国古代的名称，但是都把计算它的体积作为了一道重要的习题。

1.7 滔滔黄河不尽流

“君不见黄河之水天上来，奔流到海不复回。”(李白《将进酒》)黄河是中华的“母亲河”，蕴育了中华文明(图 1.17)。然而，对古代的人类来说，“母亲”又过于强大了。威力无穷的大自然微小的变化，就足以给人类带来深重的灾难。黄河的洪水及其治理，贯穿了中国的历史。

图 1.17　黄河

在古代，治理洪水的主要方法是堵和分。堵，就是筑起坚固的堤坝，将洪水挡在人类的家园之外。分，就是扩大河道，让洪水更快地流走。然而这样的治水方法，对于黄河渐渐地行不通了。

黄河的河水中有很多泥沙，泥沙沉积就会堵塞河道。人们逐渐发现，分流越多，河水的流速就会越慢，泥沙就容易沉淀。泥沙沉淀越多，河床抬高的速度就会越快，未来就会导致更为严重的洪灾。

为了解决这样的问题，中国明朝的治水专家潘季驯（1521～1595）（图 1.18），在总结了众多的治水经验之后，提出了"束水攻沙"的办法，图 1.19 为潘季驯所作的《河防一览图》的一部分。

图 1.18　潘季驯

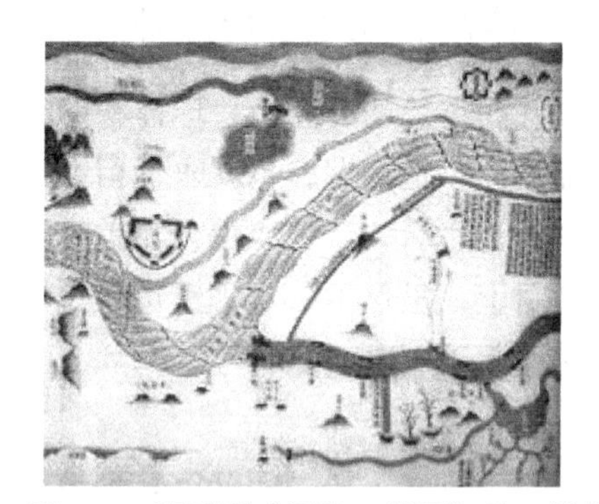

图 1.19　潘季驯《河防一览图》的一部分

潘季驯在治水著作《河防一览图》里提出："水分则势缓，势缓则沙停，沙停则河饱"，"水合则势猛，势猛则沙刷，沙刷则河深"。他的意思就是说：要让水流的速度加快，把泥沙带走（图 1.20）。

为什么流速和带走的泥沙密切相关呢？原来，水流能够搬运的碎屑颗粒的半径与流速的平方是成正比的，而颗粒重量等于密度乘以体积，体积又与颗粒半径的立方成正比，所以被搬运颗粒的重量与流速的六次方成正比。也就是说，如果水流的速度增加一倍，那么它能够带走的泥沙颗粒重量就是原来的 64 倍。反过来，水流的速度只要稍稍减缓，就一定会有大量的泥沙沉淀下来。

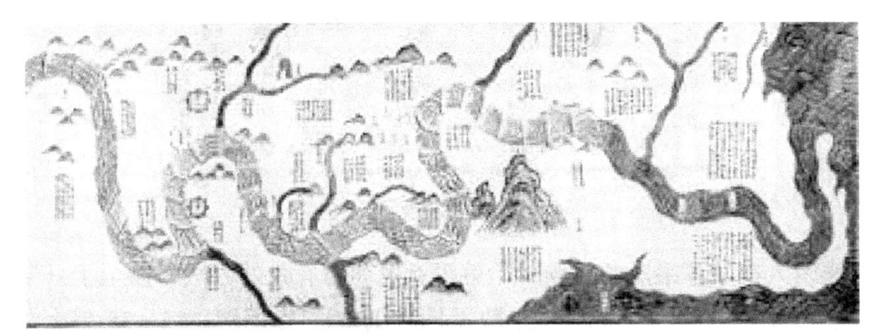

图 1.20　潘季驯《河防一览图》的一部分

潘季驯不知道明确的计算公式，只是根据经验提出了这样的治水思想，但是依然是非常宝贵的。

清朝的治水专家靳辅(1633～1692)、陈潢(1637～1688)继续发扬了“束水攻沙”的治水思想治理黄河。要想做出科学的决策，更好地治理黄河，必须能够准确计算河水的流量。陈潢的朋友包世臣(1775～1855)在《中衢一勺》一书中记载了陈潢的测水法，以解决治水中的计算问题。“以水纵横一丈，高一丈为一方”，这是规定了计算水量体积的单位。“其法，先量闸口阔狭，计一秒所流几何，积至一昼夜，则所流多寡可以数计矣”。这是指出应当把河水的横切面积乘以流速，从而计算水的流量。有了测水法的计算结果，人们就能够制定更好的治河方案了。

虽然因为时代的原因和技术条件的限制，在当时的年代不可能根治黄河水患，但靳辅、陈潢的正确治水方略还是取得了非常大的成功，大大地减轻了黄河洪水带来的灾难。在这种关系到沿岸人民生命财产的大事上，数学是能够发挥出作用的。

1.8　对数与快速计算

好的计算方法是能够帮助我们提高计算速度的。不过数学思想没有好坏之分，能不能发挥作用完全取决于被运用得是否恰当。

我们先来看一看古埃及人奇怪的计算方式(图 1.21)。

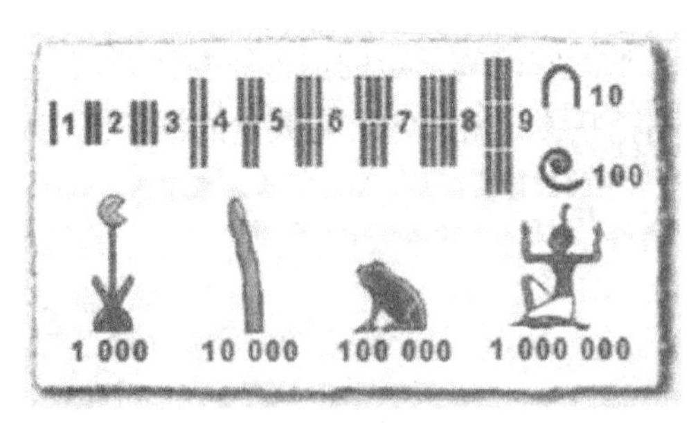

图 1.21　古埃及记数图

古埃及人在计算乘法的时候开始就没有发展出有效的方法，以至于只会做乘2——也就是加倍的运算。如果做乘数不是 2 的乘法呢？比如 23×35 怎么办？由于古埃及人不会别的计算方式，他们就需要把这个乘法转化成乘 2 的情况。

首先把 23 写成 2 的幂次之和的形式：

$$23 = 16 + 4 + 2 + 1;$$

然后计算 35 的倍数：

35 的 1 倍是 35，35 的 2 倍是 $35 \times 2 = 70$，35 的 4 倍是 $70 \times 2 = 140$，35 的 8 倍是 $140 \times 2 = 280$，35 的 16 倍是 $280 \times 2 = 560$；

最后再把需要的倍数全部加起来：

$$\begin{aligned} & 23 \times 35 \\ = & (16 + 4 + 2 + 1) \times 35 \\ = & 560 + 140 + 70 + 35 \\ = & 805, \end{aligned}$$

于是就算出了答案。

这样的计算过程实在是太繁琐了。换成现在，人们是很难接受的。在数学没有发展起来的年代，古埃及人也只会使用这样的计算方式。然而有趣的是，英国数学家纳皮尔（Napier，1550～1617）（图 1.22）最初创造对数运算时，思想和古埃及人的计算方式很接近。作为一种数学思想，如果把它应用恰当的话，是可以收到良好的效果的。

纳皮尔所发明的对数，在形式上与现代数学中的对数理论并不完全一样。在纳皮尔那个时代，人们还不知道“指数”这个概念，他没有办法象现在的教科书那样通过指数来引出对数。纳皮尔是利用几何的比例原理得出对数概念的。他首先发明了一种计算特殊多位数之间乘积的方法。让我们来看看下面这个例子：

0，1，2，3，4，5，6，7，8，9，10，11，12，13，14，…

1，2，4，8，16，32，64，128，256，512，1024，2048，4096，8192，16384，…

这两行数字第一行表示 2 的指数，第二行表示 2 的相应次幂。如果我们要计算第二行中两个数的乘积，可以通过第一行对应数字的加和来实现。比如，计算 64×256 的值，就可以先查询第一行的对应数字：64 对应 6，256 对应 8；然后再把第一行中的对应数字加起来：$6+8=14$；第一行中的 14，对应第二行中的 16384，所以有：$64\times256=16384$。

图 1.22　纳皮尔

纳皮尔的这种计算方法，和古埃及人的有相像之处吧？实际上这已经是现代数学中“对数运算”的思想了。虽然最初纳皮尔只使用了 2 的幂次，但有了第一步的开始，才会有后来的发展。

我们学习“运用对数简化计算”的时候，采用的正是这种“化乘除为加减”的思路。不过现在用的最多的，是借助于 10 的幂次进行的常用对数。比如当我们计算 3 的 20 次方，它的常用对数是 $20\times\lg3$。lg3 表示以 10 为底 3 的对数，查“常用对数表”，可以知道它大约是 0.4771，那么 $20\times\lg3=9.542$。现在再通过“常用对数的反对数表”查出 0.542 的反对数值，也就是 10 的 0.542 次方，得到大约等于 3.483。于是我们就知道 3 的 20 次方大约是 3.483 乘以 10 的 9 次方。这下子可不用真的把乘以 3 乘上 20 次了。

纳皮尔所处的年代，波兰天文学家、数学家哥白尼(Copernicus，1473～1543)的“太阳中心说”刚刚开始流行，天文学成为热门学科。可是由于当时数学的局限性，天文学家们不得不花费很大的精力去计算那些繁杂的“天文数字”，因此浪费了许多宝贵时间。纳皮尔也是一位天文爱好者，为了简化计算，他多年潜心研究大数字的计算技术，终于独立发明了对数。经过多年的探索，纳皮尔于 1614 年出版了他的名著《奇妙的对数定律说明书》，向世人公布了他的这项发明，并且解释了这项发明的特点。

对数是一种重要的数学工具，在没有计算机的时代可以大大缩短人们的计算时间，法国著名的数学家、天文学家拉普拉斯(Laplace，1749～1827)曾说："在实效上等于把天文学家的寿命延长了许多倍。"[①]即使在现代数学中，对数函数也是一种重要的数学工具。纳皮尔作为当之无愧的"对数缔造者"，将永留数学史册。

1.9 蜘蛛的贡献

关于蜘蛛的伟大贡献，传说中有这么一个故事：

有一天，法国哲学家、数学家、物理学家笛卡儿(Descartes，1596～1650)(图1.23)生病了。他躺在床上，头脑却没有休息，在反复思考着一个问题：几何图形是直观的，而代数方程则比较抽象，能不能用几何图形来表示方程呢？关键是如何把组成几何的图形的点和满足方程的每一组"数"挂上钩。他拼命琢磨：通过什么样的办法、才能把"点"和"数"联系起来呢？突然，笛卡儿看见了一只蜘蛛。蜘蛛从屋顶角上拉着丝垂了下来，一会儿又顺着丝爬了上去，在上边左右拉丝(图1.24)。蜘蛛的"表演"，使他豁然开朗。

图1.23　笛卡儿

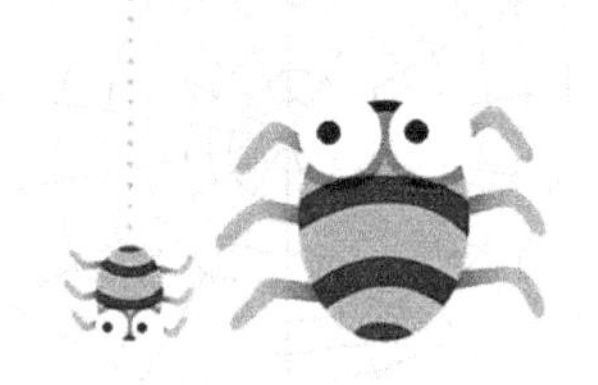

图1.24　蜘蛛拉网

笛卡儿想，可以把蜘蛛看作一个点，它在屋子里可以上、下、左、右运动，能不能把蜘蛛的每个位置用一组数确定下来呢？他又想，屋子里相邻的两面墙与地面交出了三条线，如果把地面上的墙角作为起点，把交出来的三条线作为三根数轴，那么空间中任意一点的位置，不是都可以用这三根数轴上找到的有顺序的三个数来表示吗？反过来，任意给一组三个有顺序的数，例如3，2，1，也可以用空间中的一个点来表示它们。同样的，用一组数(a, b)也可以表示平面上的一

① W W Bryant.2013.A History of Astronomy.Taylore Francisltd.

个点，平面上的一个点也可以用一组两个有顺序的数来表示。于是，在蜘蛛的启示下，笛卡儿创建了直角坐标系。

无论这个有趣的传说的可靠性如何，它都说明笛卡儿在创建直角坐标系的过程中，很可能是受到周围一些事物的启发，触发了灵感。

笛卡儿在创建直角坐标系的基础上，创造了使用代数方法来研究几何的数学分支——解析几何。他的设想是：只要把几何图形看成是动点的运动轨迹，就可以把几何图形看成是由具有某种共同特性的点组成的。比如，我们把圆看成是一个动点对定点 O 作等距离运动的轨迹，也就可以把圆看作是由到定点 O 的距离相等的点组成的。我们把点看作是组成图形的基本元素，把数看成是组成方程的基本元素，只要把点和数挂上钩，就可以把几何和代数挂上钩。直角坐标系的创建，在代数和几何上架起了一座桥梁。它使几何概念得以用代数的方法来描述，几何图形可以通过代数形式来表达，这样便可将先进的代数方法应用于几何学的研究。

把图形看成点的运动轨迹，这个想法很重要。它从指导思想上，改变了传统的几何方法。笛卡儿的坐标系，纳皮尔的对数，英国数学家、物理学家牛顿(Newton，1643～1727)和德国哲学家、数学家莱布尼茨(Leibniz，1646～1716)的微积分共同称为十七世纪的三大数学发明。

坐标方法在日常生活中用的也很多。例如象棋、国际象棋中棋子的定位；电影院、剧院、体育馆的看台、火车车厢的座位及高层建筑的房间编号等都用到坐标的概念。随着同学们知识的不断增加，坐标方法的应用会更加广泛。

1.10 虚幻之数

复数概念的进化是数学史中最奇特的一章，人们没有等待实数的逻辑基础建立，就踏入了新的征程。在数系扩张的历史过程中，先驱者们跟着自己的直觉进入了新的前哨阵地。

在西方，科学研究曾经经历了很长时间的中断，直到“文艺复兴”时期才重新开始。1545 年，此时的欧洲人尚未完全理解负数和无理数，他们的智力又面临了一个新的“怪物”的挑战。意大利数学家卡尔达诺，也被称为卡当(Cardano，1501～1576)发表了《重要的艺术》一书，公布了三次方程的一般解法，被后人称之为“卡当公式”。他是第一个把负数的平方根写到公式中的数学家。他在讨论是否可能把 10 分成两部分，使它们的乘积等于 40 时，把 10 分成了 $5+\sqrt{-15}$ 和 $5-\sqrt{-15}$，再将它们相乘，就得到了 $(5+\sqrt{-15})(5-\sqrt{-15})=40$。尽管他认为

$5+\sqrt{-15}$ 和 $5-\sqrt{-15}$ 这两个表示式是没有意义的、想象的、虚无缥渺的，但是他说“不管会受到多大的良心责备”“算术就是这样奇妙地做下去的”。

这种负数的平方根是数系中的又一颗新星，引起了数学界的一片困惑。到了17世纪，笛卡儿在《几何学》(1637年发表)中使“虚的数”与“实的数”相对应，给出了“虚数”这一名称。从此，虚数才流传开来。

图 1.25 达朗贝尔

对虚数的模糊认识，使很多大数学家都不愿意承认虚数。德国数学家莱布尼茨在1702年说：“那个介于存在与不存在之间的两栖物，那个我们称之为虚的-1的平方根。”[①]

然而，真理性的东西经得住时间和空间的考验，最终一定可以占有自己的一席之地。法国数学家达朗贝尔(d'Alembert，1717～1783)(图 1.25)在1747年指出，如果按照多项式的四则运算规则对虚数进行运算，那么它的结果总是 $a+b\sqrt{-1}$ 的形式(a,b 都是实数)。

1748年，瑞士数学家欧拉(Euler，1707～1783)(图 1.26)发现了有名的关系式 $e^{i\theta}=\cos\theta+i\sin\theta$。在这一年符号 i 还没有出现，这个关系式首次出现时，形象和现在完全不同。直到1777年，欧拉在《微分公式》一文中第一次用 i 来表示-1的平方根，首创了用符号 i 作为虚数的单位。在前面的关系式里，让 θ 等于圆周率 π，可以得到公式：$e^{i\pi}=-1$。

到了18世纪，数学家们对虚数终于建立了一些信心。因为，在数学任何地方的推理中间步骤中用了虚数，结果都被证明是正确的。人们渐渐认为“虚数”实际上不是想象出来的，而是确实存在的。特别是1799年，德国著名数学家高斯(Gauss，1777～1855)(图 1.27)对于“代数基本定理”的证明必须依赖对虚数的承认，这使虚数的地位得到了进一步的巩固。高斯又在1806年公布了实数的图象表示法，即所有实数能用一条数轴表示，同样，虚数也能用一个平面上的点来表示。在直角坐标系中，横轴上取对应实数 a 的点 A，纵轴上取对应实数 b 的点 B，并过这两点引平行于坐标轴的直线，它们的交点 C 就表示 $a+bi$。

① R B Mc Clenon. 1923 A contribution of Leibniz to the History of Complex Numbers. Amer .Math. Monthly 30:369-374.

图 1.26 欧拉

图 1.27 高斯

在 1832 年，高斯第一次提出了“复数”这个名词。用实数组(a,b)代表复数 $a+b\mathrm{i}$，并建立了复数的某些运算，使得复数的某些运算也象实数一样“代数化”了。当虚数部分的 $b=0$ 时，就是实数。这样，复数就包含了实数，成为了数的概念的又一次扩充。高斯还将表示平面上同一点的两种不同方法——直角坐标法和极坐标法加以综合，统一于表示同一复数的代数式和三角式两种形式中。把数轴上的点与实数一一对应，扩展为平面上的点与复数一一对应。高斯不仅把复数看作平面上的点，而且还看作是一种向量，并利用复数与向量之间一一对应的关系，阐述了复数的几何加法与乘法。至此，复数理论完整、系统地建立起来。

任何一个多项式方程一定有复数的根。这就是高斯证明的代数基本定理。这样，有了复数概念，人们就解决了代数方程问题带来的困扰。复数这个新的数学工具，也让人们在数学运算中可操作的余地更为广泛，可使用的方法也就越来越多了。到了后来，人们还发现在物理学研究中也可以使用复数。

1.11 赌徒的科学——概率论

赌博是一个恶劣的习惯。然而在 17 世纪，坏事偶尔一次变成了好事，赌博推动了概率论的诞生。

1654 年，法国一位著名的赌徒梅雷和国王的侍卫官赌掷骰子，两人都下了 30 枚金币的赌注。他们约定：梅雷先掷出 3 次 6 点，就可以赢得 60 枚金币；侍卫官若先掷出 3 次 4 点，也可以赢得 60 枚金币。说好条件后，在众多赌徒的围观下，双方就正式开始了。然而，正当梅雷掷出 2 次 6 点，侍卫官掷出 1 次 4 点，赌博进行中的时候，国王的卫队来了，要求侍卫官即刻回王宫。梅雷和侍卫官被迫终止了赌博。

这场终止了的赌博引出一个重要的问题：赌博还没完，如何分配赌注呢？

梅雷和侍卫官争论不休，互不让步(图 1.28)。梅雷说："我只要再掷出 1 次 6 点，就可以赢得全部金币，而你要掷 2 次 4 点，才能赢得 60 枚金币，所以我应该得到全部金币的 3/4，也就是 45 枚金币。"

侍卫官却说："假如继续赌下去，我要 2 次机会才能取胜，而你只要 1 次就够了，是 2∶1，所以你只能取走全部金币的 2/3，也就是 40 枚金币。"两人互不相让，赌注始终无法分配。

为了得到这笔赌注，梅雷对这个问题分析了很久，越想越觉得自己提出的分法是合理的，然而又说服不了侍卫官。这可怎么办呢？梅雷灵机一动，将这个问题写信向当时法国著名数学家、物理学家帕斯卡(Pascal，1623～1662)(图 1.29)请教。梅雷想，大数学家总应该能得到正确答案。他提出的问题是："两人规定谁先赢 E 局就算赢了，若一人赢了 $A(A<E)$ 局；另一人赢了 $B(B<E)$ 局时，赌博因故终止并不再进行，应该怎样分配赌注才算公平合理？"

图 1.28　争论的赌徒

为了这一问题，帕斯卡与另一位法国数学家费马(Fermat，1601～1665)(图 1.30)共同探讨。他们认为梅雷的分配方案是合理的。

图 1.29 帕斯卡

图 1.30 费马

假如继续赌下去，不论是梅雷或侍卫官谁赢，最多只要两局就可以决定胜负，不妨用 m 表示梅雷赢，用 n 表示侍卫官赢，那么有 4 种情况：mm,mn,nm,nn。

只要 m 出现一次或一次以上就应该算赌徒梅雷赢，这种情况有三种。只要 n 出现两次侍卫官就算赢，这种情况有一种。故赌注应该按 3∶1 的比例来分，梅雷占 3/4，即 45 枚金币；侍卫官占 1/4，即 15 枚金币。

数学家们的目光没有局限在这一个问题上。在这个问题的启发下，他们开始研究许多类似的问题。在随后的一些年里，帕斯卡、费马和荷兰数学家惠更斯(Huygens，1629～1695)对概率问题进行了许多研究。概率论的第一批专门概念如数学期望等都相继产生了。他们所采用的方法与理论，就是概率论的雏形。数学史上把 1654 年 7 月 29 日——帕斯卡写信给费马探讨梅雷问题的日子作为概率论的诞生之日。

当然，后来的数学史研究者们发现：在 15～16 世纪，意大利数学家帕乔利(Pacioli，1445～1517)和塔尔塔利亚(Tartaglia，1500? ～1557)等人就已经讨论过“如果两人赌博提前结束，应该如何分配赌注”的问题。由此可见，赌博这种恶习在各个时代都是很流行的。不过也许因为当时的数学家没有完全给出解决办法，或者因为他们没有进一步研究更深刻的概率问题，这段历史一度就被埋没了。当时参加赌博的人也没有梅雷那么幸运，没有留下名字。

概率论是对各种随机事件的规律进行研究的科学。今天它已成为数学最重要的分支之一，广泛应用于自然科学、社会科学、工程技术等科学技术中，也是近代经济理论、社会学理论和管理科学必不可少的研究工具。由于概率论的历史有这样一段故事，研究的对象又都和赌博一样是随机的，所以它也确实像一门赌徒的科学。

不过，梅雷是因为赌博这个恶劣的习惯而名垂史册的吗？不！那是因为他善于总结和发现问题。这才是关键。

1.12 椭圆的故事

在中学数学里，同学们都会学习到椭圆。但是，你知道椭圆的历史和作用吗?

椭圆是在古希腊时代，为了探讨解决著名的作图难题“立方倍积”而出现的。创造者是学者古希腊数学家梅内克缪斯(Menaechmus，约公元前 380～约前320)。现在人们给椭圆的的常用定义是：平面内到两个定点的距离之和等于定长的点的轨迹。梅内克缪斯的做法可不是这样。

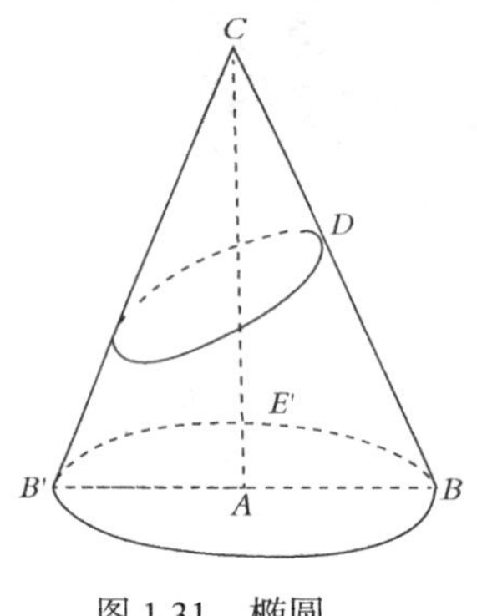

图 1.31 椭圆

梅内克缪斯把直角三角形 ABC 的长直角边 AC 作为轴，旋转三角形 ABC 一周，得到了一个曲面，这个面就是一个圆锥面。再用垂直于 BC 的平面去截此曲面，就可以得到一条曲线。当时梅内克缪斯称这条曲线为“锐角圆锥曲线”，这条曲线就是人类第一次得到的椭圆，它其实也是符合椭圆的现代定义的（图 1.31）。用不同的角度去截圆锥面，还可以得到圆、双曲线和抛物线(图 1.32)。

梅内克缪斯试图利用“圆锥曲线”解决“立方倍积”问题，这一目标最终遗憾地失败了。然而，他创造出的这种曲线却可能比单纯解决“立方倍积”还要有用。

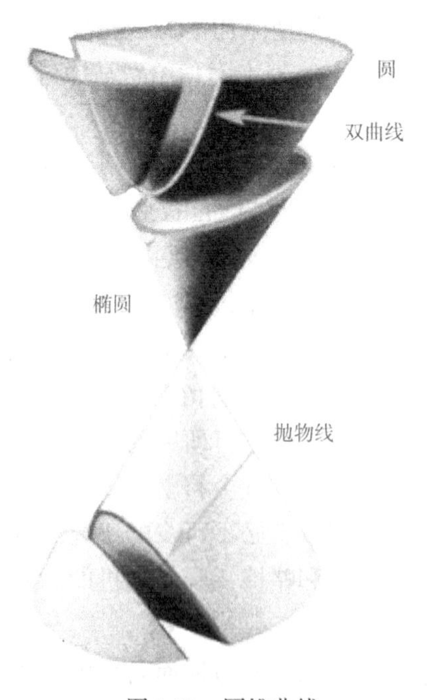

图 1.32 圆锥曲线

16 世纪，人们已经知道地球是围着太阳转的。但是在很长的时间里，天文学家们都认为行星围绕太阳的轨道应该是圆形的。他们试图找到行星的准确轨道，却总是不断地失败。丹麦天文学家第谷(Tycho，1546～1601)(图 1.33)就一直在做这样的事情。他积累了大量的天文观测资料、做了无数的试验，去寻找行星的轨道。试验中行星轨道的误差最少时只有 8 分。一个圆周是 360 度，1 度等于 60 分。这 8 分的误差虽然仅仅相当于钟表上秒针在 0.02 秒时间里转过的角度，但是始终不能和实际完全吻合。

图 1.33　第谷

第谷去世以后，他的学生和助手德国天文学家、物理学家、数学家开普勒(Kepler，1571～1630)继续着他的工作(图 1.34)。历尽错误和坎坷之后，开普勒最终大胆地猜测：行星的轨道不是圆，而是椭圆。这简单的一句话，就是科学史上著名的开普勒行星第一定律。当人类终于认识到这一点的时候，关于行星轨道的问题就迎刃而解了。数学家和天文学家们很快验证出，当时知道的几颗行星运行轨道都是椭圆，太阳位于椭圆的一个焦点上。后来发现的其他几颗行星以及小行星、慧星轨道也都是椭圆。人类终于真真正正地开始认识宇宙运行的规律了。

图 1.34　开普勒与太阳系星图

开普勒的发现为经典天文学奠定了基石。在认识到行星轨道的正确形状之后，关于行星的其他天文规律也开始揭开面纱。开普勒经过进一步的观测和计算，又相继得到了开普勒行星第二定律和第三定律：行星的向径在相等的时间内扫过相等的面积(行星的向径指的是太阳中心到行星中心的连线)；行星公转周期的平方与轨道半长轴的立方成正比。这些认识大大推动了天文学和整个自然科学的发展。

从人类发现椭圆到认识到椭圆在天文学中的作用，用了近两千年的时间。如果没有数学家们预先作的贡献，人类不可能明白行星轨道曲线是什么，更不可能知道这一曲线的规律。数学家的创造，帮助着其他学科的科学家们认识世界、了解世界。随着科学的加速度发展，现在的数学知识从发现到应用的时间早已被大大地缩短了。然而，科学的前进依然离不开数学的发展。

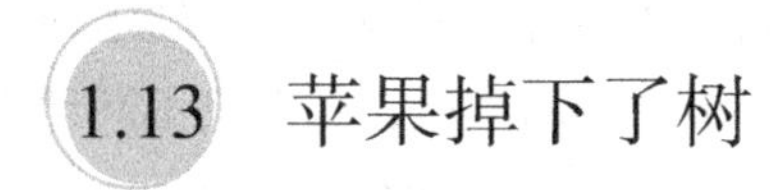

1.13 苹果掉下了树

椭圆和苹果有什么联系呢？难道说它们的关系是：苹果是椭圆形的？

先说椭圆。上一节我们已经说过了：天体运行的轨道是椭圆形的。可原因是什么呢？要弄清这个秘密，就需要找到宇宙真正的规律了。作出这一伟大贡献的是科学史上伟大的数学家、物理学家牛顿（图 1.35）。

图 1.35 牛顿

牛顿在数学、力学、光学、声学等众多领域都取得了非凡的成果。在他之前的科学家们为什么没能取得他的成就，重要原因是他们所在时代的数学基础还不够坚实。到了牛顿的时代，数学家们在众多方向的尝试逐渐汇聚到了一起，一门伟大的数学工具——微积分呼之欲出。而牛顿正是这一伟大数学成就的催生者。

1665 年的夏天，英国伦敦发生瘟疫。为了躲避这场瘟疫，牛顿离开剑桥大学回到了自己的家乡，并且一直呆到了 1667 年。在家乡，牛顿突破性地找到了微分和积分的关系，建立了自己的微分法和积分法(他称之为流数术和反流数术)。这标志着微积分的诞生。

地上的数学工具准备好了，那天上的呢？牛顿后来向自己的朋友讲述了一个故事：1666 年的某一天，他正在花园里的苹果树下喝茶沉思，突然一只苹果从树上落到了地上。这引起了他的思考：到底是什么原因使一切物体都受到差不多总是朝着地心的吸引呢？这就是脍炙人口的牛顿与苹果的故事。

牛顿经过深刻思考之后，提出了万有引力定律。为什么物体总是向着地球中心运动呢？ 这是地球向下拉着它。有一个向下的拉力作用在物体上，而且这个向下的拉力总和必须指向地球中心，所以苹果才总是垂直下落，朝向地球的中心。天上所有的天体，都有着这样的引力，它们的运动规律正是由引力决定的。利用微积分的工具可以计算出，在引力的作用下，天体运行的轨道也正应该是椭圆。

在我们的这一节里，椭圆象征着数学，苹果象征着物理。这两门学科的结合，不断改变着人类的面貌，让人类的步伐不断迈进。

1.14　二进制与八卦

我们生活中的普通数学使用的都是十进制。一个数位的数字一旦加到了 10，那么就向前一位进 1，这就是十进制的含义。进位也可以不按照 10，而按照其他数进位。比如说电子计算机里使用的就是逢 2 进 1 的算法，也就是二进制(图 1.36)。

不同的进制，只有对数字记号的不同，计算结果和十进制是一样的。比如说在二进制里，3 写成 11，5 写成 101，那么 3 + 5 就是 11 + 101，逢 2 进 1，可以计算出来是 1000。这刚好就是十进制的 8。这里 1000 要读成一零零零，可不是一千。

图 1.36　二进制与电脑

二进制的发明人是德国大数学家莱布尼茨(图 1.37)。他也是微积分的创立人之一。

图 1.37　莱布尼茨

不过，二进制和八卦有什么关系呢？这里的八卦指的就是中国古代的八卦。

这就要从 1701 年说起了。这一年，一位在中国的法国传教士、数学家白晋(Bouvet，1656～1730)写了封信给莱布尼茨，同时他还向欧洲传回了中国古代八卦符号(图 1.38)。

图 1.38　中国古代八卦图

看了八卦符号之后，莱布尼茨突然说：这不就是二进制吗?

原来，八卦符号是用三条线段来表示的。这些线有的是断开的，有的是连着的，刚好八种情况。如果把断开的线看成 0，连着的线看成 1，八卦的八个符号刚好就可以看成二进制的 0，1，2，3，4，5，6，7(图 1.39)。

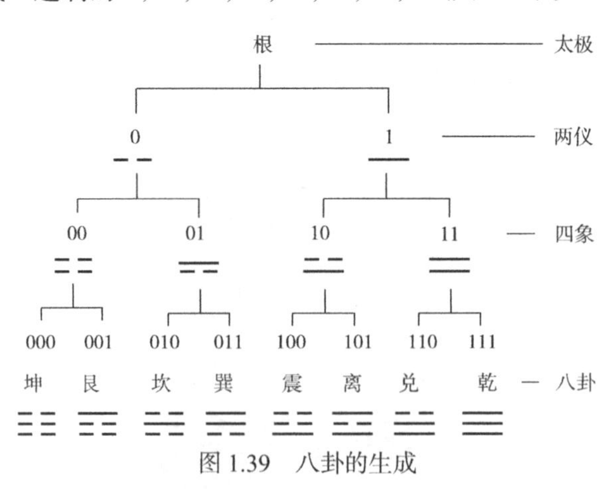

图 1.39　八卦的生成

类似的，中国古代还有用五条线来记录的六十四卦，那可以用同样的方法看成是二进制数字的 0 到 63。

莱布尼茨写了一篇名字很长的论文讲述他的发现，并于 1703 年 5 月在法国科学院公开宣读:《关于只用两种记号 0 和 1 的二进制算术的阐释——和对它的用途以及它所给出的中国古代伏羲图的意义的评注》。

二进制就这样和八卦联系起来了。当然了，在远古的结绳记事时期，可以用打结的绳和不打结的绳分别表示 0，1，这样进行记数似乎也是有可能的，反正原始时代数字如何产生还是一个迷。莱布尼茨的看法可能是正确的，不过也不一定。有研究者指出，中国八卦的排列方式有许多种，符号虽然是一样的，但是它们的排列顺序却不一样。如果排列的图案顺序和 0，1，2，3，4，5，6，7 不一致的话，似乎就不能看成是数字了。因此，中国古代创造八卦时，依据到底是不是二进制计数，依然没有定论。二进制和八卦的关系还只能算是一个猜测。

后来，就像数学里的许多工具一样，二进制在其他方面找到了用途。两百多年后的人们发现，由于可以用电路的通和断分别表示 1 和 0，因此在电子计算机里，最适合使用的就是二进制了。二进制为电子计算机的出现和发展作出了巨大贡献。

1.15 平行线与奇妙的非欧几何

欧氏几何第五公设问题是数学史上最古老的著名难题之一，它是由古希腊学者最先提出来的。公元前 3 世纪，希腊亚历山大里亚学派的创始者欧几里得(Euclid，约公元前 330～前 275)(图 1.40)集前人几何研究之大成，编写了数学发展史上具有极其深远影响的数学巨著《几何原本》。这部著作利用公理法建立几何的科学理论体系。

图 1.40 欧几里得

在这部著作中，欧几里得为推演出几何学的所有命题，一开头就给出了五个公理和五个公设。公理和公设是指那些显然正确、无须证明的命题。公理适用于所有科学，公设只应用于几何学。数学家们对五个公理和前四个公设都很满意，唯独对第五个公设(即平行公理)提出了质疑。

第五公设是论及平行线的，它说：如果一直线和两直线相交，所构成的两个同侧内角之和小于直角的两倍也就是 180 度，那么，把这两直线延长，它们一定在那两内角的侧相交(图 1.41)。

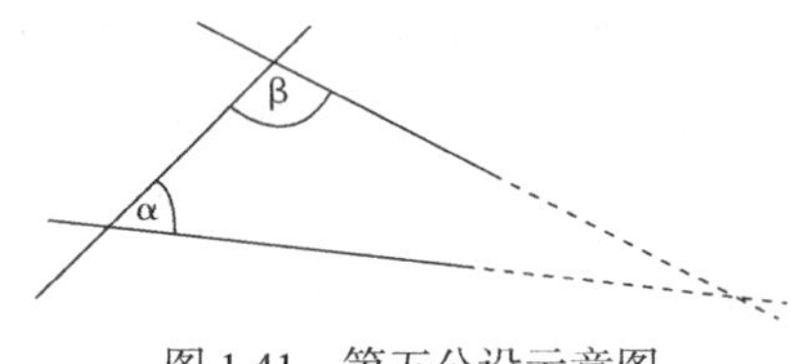

图 1.41　第五公设示意图

数学家们并不怀疑这个命题的真实性，但是认为它无论在语句还是在内容上都不大像是个公设，而倒像是一个可以证明的定理。

为给出第五公设的证明，自公元前 3 世纪起到 19 世纪初，数学家们投入了无穷无尽的精力，几乎尝试了各种可能的方法，但都遭到了失败。渐渐有人怀疑这个公设是不可证的。在这些人里，最有趣的是数学家高斯。高斯从来不公开自己的怀疑，私下偷偷地尽心进行研究。据说是他怕自己的研究结果过于奇怪，引起争议。高斯甚至在主持大地测量工作的时候，进行了验证三角形内角和等于 180 度的实验。

俄国数学家罗巴切夫斯基(Lobachevsky，1792～1856)(图 1.42)也是怀疑者中的一位。他于 1814 年开始着手研究平行线理论。起初，他也循着前人的思路，试图给出第五公设的证明。但他很快意识到自己能给出的证明都是错误的。前人和自己的失败从反面启迪了他，使他大胆思索问题的相反提法：可能根本就不存在第五公设的证明。

图 1.42　罗巴切夫斯基

罗巴切夫斯基调转思路，着手寻求第五公设不可证的解答。这是一个全新的，与传统思路完全相反的探索途径。沿着这个途径，一个新的几何世界终于出现在人们的面前。

那么，罗巴切夫斯基是怎样证得第五公设不可证的呢？又是怎样从中发现新几何世界的呢？原来他创造性地运用了处理复杂数学问题常用的一种逻辑方法——反证法。

这种反证法的基本思想是，为证“第五公设不可证”，首先对第五公设加以否定，然后用这个否定命题和其他公理公设组成新的公理系统，并由此展开逻辑推演。假设第五公设是可证的，即第五公设可由其他公理公设推演出来，那么，在新公理系统的推演过程中一定能出现逻辑矛盾，至少第五公设和它的否定命题就是一对逻辑矛盾；反之，如果推演不出矛盾，就反驳了“第五公设可证”这一假设，从而也就间接证得“第五公设不可证”。

依照这个逻辑思路，罗巴切夫斯基对第五公设进行否定，得到否定命题“过平面上直线外一点，至少可引两条直线与已知直线不相交”。他用这个否定命题和其他公理公设组成新的公理系统展开逻辑推演。在推演过程中，他得到一连串古怪的命题，但是，经过仔细审查，却没有发现它们之间含有任何逻辑矛盾。具有远见卓识的罗巴切夫斯基大胆断言：这个“在结果中并不存在任何矛盾”的新公理系统可构成一种新的几何，它的逻辑完整性和严密性可以和欧几里得几何相媲美。这个无矛盾的新几何的存在，就是对第五公设可证性的反驳，也就是对第五公设不可证性的证明。

由于当时尚未找到新几何在现实中的原型和类比物，罗巴切夫斯基慎重地把这个新几何称为“想象几何”。1826 年 2 月 23 日，罗巴切夫斯基于喀山大学物理数学系学术会议上宣读了他的第一篇关于非欧几何的论文《几何学原理及平行线定理严格证明的摘要》。这篇首创性论文的问世，标志着非欧几何的诞生。在当时，非欧几何还只是一种理论。到了今天，人们已经知道，非欧几何在现实世界中是确实存在的，在原子尺度的微观世界和宇宙尺度的宏观世界，普通的欧氏几何都不正确，人们只能使用非欧几何。

1.16 无限旅馆

有下面这样一个“无限旅馆”的故事。

某村的马路两边有一家有无限个房间的“无限旅馆”(图 1.43)。某一天客满，然而这时有一位客人前来投宿，他能住进去吗?

或许你的回答是不能。已经客满了怎么还能住人呢?

图 1.43 无限旅馆

但是旅馆的老板说：可以。为了让新客人能入住，无限旅馆采取了搬家的方式，让 1 号客人搬入 2 号房间，2 号客人搬入 3 号房间……依此类推，反正房间是有“无限多个”的，因此这样的过程总能进行下去。这样一来，1 号房间就空了出来，新客人高兴地入住了。

下面的问题是，第二天来了两位新客人，他们能住进去吗?

或许你已经会了。让 1 号客人搬入 3 号房间，2 号客人搬入 4 号房间……这样一来，1 号、2 号房间就空了出来，两位客人就都能住宿了。

好了，安排客人住宿并不难吧? 现在，让我们给老板更大的考验。第三天，旅馆外一下子来了无限多位客人，老板怎么办呢?

聪明的老板没有被吓住，他想出了一个新的解决办法。在学习这个办法之前，我们先来看一个和它相当的数学问题。

大家知道，自然数是有无穷多个的：1，2，3，4，5，6，…，在这些自然数中，一部分是奇数：1，3，5，7，9，…；另一部分是偶数：2，4，6，8，10，…。现在我们问：自然数、奇数、偶数都有无穷多个，那么是自然数多、奇数多还是偶数多呢?

这两个问题之间是有联系的，聪明的老板就是用自然数的思想来解决客人安排问题的。他让1号客人搬入2号房间，2号客人搬入4号房间，3号客人搬到6号房间……总之让原来房间的人都住到原来的号码2倍的房间去，所有的单号房间都空出来了。这些房间也有“无限多个”，刚好把新来的客人安排进去。

老板的问题解决了，你们的问题解决了吗？能不能从老板的解决方法里看出自然数、奇数、偶数哪一个多呢？答案是：由于我们能够找到自然数、奇数、偶数相互之间的一一对应的关系，所以它们是一样多的。

第一个给出这个答案的人，是19世纪的德国数学家康托尔(Cantor，1845～1918)(图1.44)。“无限旅馆”的故事，则是另一位德国数学家希尔伯特(Hilbert，1862～1943)(图1.45)为了说明康托尔的理论而虚构的。

图1.44　康托尔

图1.45　希尔伯特

康托尔的这一研究工作，标志着集合论的诞生。集合论使人类真正掌握了能够认识“无限”的工具。如果说数学是自然科学的基础，那么集合论就是数学的基础。现代数学的大厦是在集合论的基石上构建的。从康托尔创立集合论的那一刻起，人类看向数学、看向世界的眼光就再也不同了。

1.17 理发师的故事

“既然蜘蛛都可以进入数学研究，理发师肯定也行。”一位理发师这样说。

数学当中就有一个著名的理发师悖论，是由英国数学家、哲学家罗素(Russell，1872～1970)(图1.46)提出的。

图 1.46 罗素

理发师悖论是这样的：

一个理发师的招牌上写着：城里所有不自己刮脸的男人都由我给他们刮脸，我也只给这些人刮脸。那么，谁给这位理发师刮脸呢？

如果他自己刮脸，那他就属于自己刮脸的那类人。但是，他的招牌说明他不给这类人刮脸，因此他不能自己来刮。如果另外一个人来给他刮脸，那他就是不自己刮脸的人。但是，他的招牌说他要给所有这类人刮脸。因此给他刮脸的人应该是他自己。所以，没有任何人能给这位理发师刮脸了！

罗素提出这个悖论，为的是把他发现的关于集合的一个著名悖论用故事通俗地表述出来。某些集合可以是它自己的元素。例如，所有不是苹果的东西的集合，它本身就不是苹果，所以它必然是此集合自身的元素。现在来考虑一个由一切不是它本身的元素的集合组成的集合。这个集合是它本身的元素吗？无论你作何回答，都会自相矛盾。

类似于这个悖论的故事还有很多，比如说谎言者悖论。公元前六世纪，哲学家克利特人埃庇米尼得斯(Epimenides)说：“‘所有克利特人都说谎’，他们中间的一个诗人这么说。人们会问：‘埃庇米尼得斯有没有说谎？’。‘我’也就是埃庇米尼得斯在不在说谎？如果‘我’在说谎，那么‘我在说谎’就是一个谎言，因此‘我’说的就不是谎而是实话；但是如果这是实话，‘我’又在说谎。”

谎言者悖论还有一个简单的翻版：“这句话是错的。” 发现矛盾的办法和上面一样。这些悖论的一个标准形式是：如果事件 A 发生，则推导出非 A，非 A 发生则推导出 A，这是一个自相矛盾的无限逻辑循环。

理发师悖论利用集合论，把这些悖论的自相矛盾之处体现了出来，这引起了逻辑学历史上最富戏剧性的一次危机。由于逻辑是数学的基础，它也就引起整个数学基础的危机。当时德国的著名逻辑学家哥特洛伯·弗里兹写完了他最重要的著作《算法基础》第二卷。原本他认为自己在这本书中确立了一套严密的集合论，它可作为整个数学的基础。可该书付印时，他收到了罗素的悖论。弗里兹的集合论容许由一切不是它自身的元素的集合构成的集合。正如罗素在信中澄清的，这个集合表面上结构完美，却是自相矛盾的。弗里兹在收到罗素的信后，只来得及插入一个简短的附言："一个科学家所遇到的最不合心意的事，莫过于是在他的工作即将结束时其基础崩溃了……"[①]。

集合论的发展和悖论的出现，带来了新的数学思想，在数学史上被称为第三次数学危机。经过危机的洗礼，数学家们认识到了原有理论的不足，从而大大推动了数学的新发展。

① G Frege . 1903 .Grundgesetze der Arithmetic Ⅱ. Verlag Hermann Pohle.（所引这句话是由数学史研究者 Heijenoort 于 1967 年翻译的）

2 游戏中的数学

游戏是一种娱乐活动，人们可以在游戏中得到放松，可以获得巨大的乐趣。如果你有勤于思考的头脑，从游戏中你也可以获得知识。德国数学家魏尔斯特拉斯(Weierstrass，1815～1897)曾经说过：“一个没有几分诗人气的数学家永远成不了一个完全的数学家。” 许多游戏里蕴含着丰富的数学知识，而许多数学问题里的游戏因素也为数学带来了无穷的魅力。

2.1 读心术的秘密

在现在的网络游戏中，有一个神奇的“读心术”。据说它能测算出你的内心感应。

读心术游戏是这样的：

任意选择一个两位数(或者说，从 10～99 之间任意选择一个数)，把这个数的十位与个位相加，再把任意选择的数减去这个和。例如：你选的数是 23，然后 2+3=5，然后 23-5=18。

在游戏的图表中找出与最后得出的数所相应的图形，并把这个图形牢记心中，然后点击网页上的水晶球。你会发现，水晶球所显示出来的图形就是你刚刚心里记下的那个图形。

水晶球让你神奇的感应到它是如何来读你的心了！这神奇的读心术到底是什么魔法?

原来这实际上是一个数学游戏。当任何一个两位数减去它的各位数字之和的时候，注意到个位数字相互消去了。所以实际上是十位数字的 10 倍减去它的一倍，必然是十位数字的 9 倍，也就是说肯定是 9 的倍数。

现在再看游戏的图表（图 2.1），看看所有 9 的倍数所对应的图片，你会发现：所有这些图片都是一样的。那么水晶球只需要显示一个图案就可以了。

13	26	39	52	65	78	91	104
12	25	38	51	64	77	90	103
11	24	37	50	63	76	89	102
10	23	36	49	62	75	88	101
9	22	35	48	61	74	87	100
8	21	34	47	60	73	86	99
7	20	33	46	59	72	85	98
6	19	32	45	58	71	84	97
5	18	31	44	57	70	83	96
4	17	30	43	56	69	82	95
3	16	29	42	55	68	81	94
2	15	28	41	54	67	80	93
1	14	27	40	53	66	79	92

图 2.1　读心术图表

利用其他数学性质，也可以设计出许多游戏。

比如说你让同学 A 写一个三位数然后暗中告诉同学 B，B 将这个数连写两次变成一个六位数，再除以 7，商再除以 11，再除以 13，将得数告诉你。好了，这个最后的得数你就可以讲出来了，一定就是原来 A 写的数。

这是怎么回事呢？原来 7 乘 11 乘 13 等于 1001。将三位数连写两次变成六位数实际上就相当于乘以 1001，现在连除这三个数当然就变成原来的数了。

类似的数字游戏是很多的，往往使用的数学知识也不复杂，只要遇到之后多分析，多想想，你也会发现这些游戏的本来面目的。

2.2 河图——美妙的幻方

河图洛书是中国古代文化中神秘的传说。大约公元前 2000 年，中原地带河水常常泛滥成灾，威胁着河岸两边人们的生活与生产。后来，大禹日夜奔忙，带领人们开沟挖渠，疏通河道，治服了河水。大禹的作为感动了上天。一天，一只神龟从河中跃出，驮着一张图献给大禹(图 2.2)。图上有九个数字，大禹因此得到上天赐给的九种治理天下的方法。

图 2.2　神龟献“洛书”

“河图洛书”是一个神话传说(图 2.3)。中国古书《易·系辞上》说：“河出图，洛出书，圣人则之。”相传上古时代黄河中浮出龙马，背负“河图”献给圣人伏羲。伏羲据此演成八卦。大禹治水时，洛河中浮出神龟，背负“洛书”献给了大禹。

图 2.3 河图洛书

用今天的观点，“洛书”可以理解成是一个三阶幻方(图 2.4)。它是由三行三列九个数字组成的正方形，它的每一行、每一列、每条对角线上的三个数字的和都是同一个数 15。

4	9	2
3	5	7
8	1	6

图 2.4 三阶幻方

这种美妙的正方形排列，在我国历史上，也曾经叫做“九宫图”，也叫做纵横图。小朋友可以数一数下面古代洛书图案上的数字，和上面表格比对一下(图 2.5)。

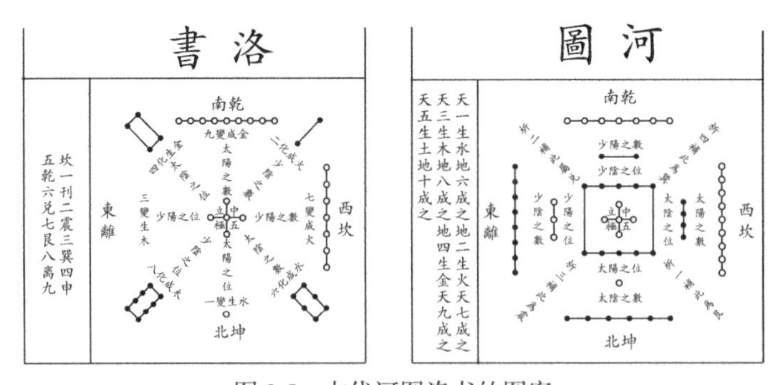

图 2.5 古代河图洛书的图案

这样的图案，人们今天称之为“幻方”。因为是由三行三列组成的，所以它被称为三阶幻方。洛书可以看成是世界上最古老的幻方。

三阶幻方是怎样构造出来的呢？中国南宋数学家杨辉(数学家，生卒年不详)给出了一种简便的方法：将 1 至 9 九个数字斜着排列成正方形，中间的 5 个写在九宫格里。然后把上下两个数字 1 和 9 对调，左右两个数字 7 和 3 对换，上下左右四个数字 9，1，3，7 分别写进与它相邻的空格中，就可以得到一个三阶幻方了。

幻方不仅仅只有三阶的。实际上除了二阶的以外，三以上所有各阶幻方都是存在的。它们都满足每行每列每条对角线上的数字和等于常数。很容易算出，对 k 阶幻方，从 1 到 k^2 的所有数之和是 $k^2(k^2+1)/2$，所以每一行的数字之和就是 $k(k^2+1)/2$。下图就是一个四阶幻方(图 2.6)。

16	2	3	13
5	11	10	8
9	7	6	12
4	14	15	1

图 2.6　四阶幻方

这个幻方是如何构造出来的呢？其实也很简单。将 1—16 按顺序写入到 16 个方格里，然后将两条对角线的数字对着翻折一下(图 2.7)。1 和 16 对调，6 和 11 对调，4 和 13 对调，7 和 10 对调，就可以得到这个四阶幻方了。

1	2	3	4
5	6	7	8
9	10	11	12
13	14	15	16

图 2.7　四阶幻方的生成方法

各阶幻方中，数字的排列方法往往都不是唯一的，每一阶都可以有许多不同的幻方。在四阶幻方中，一个颇为著名的幻方是印度太苏神庙石碑上的幻方，它刻于十一世纪(图 2.8)。这个幻方中，不但每行每列每条对角线上的数字和为 34，而且有 20 组某两行两列交叉点上的四个数字，它们的和也都为 34。更为奇妙的是把这个幻方边上的行或列移到另一边上去，所得到的正方形排列仍是一个幻方。

7	12	1	14
2	13	8	11
16	3	10	5
9	6	15	4

图 2.8　印度神庙图与四阶幻方

大约十五世纪，中国的幻方传到欧洲，引起了人们的普遍兴趣，成千上万的人沉醉于幻方之中。欧洲的爱好者们设计出了大量的幻方。1514 年，德国画家丢勒(Dürer，1471～1528)在他的不朽名作铜版画《忧郁 I 》(*Melencolia I*)中悄悄地藏了个四阶幻方(图 2.9)。这是现存的欧洲历史上最早的一个幻方。[①]这个幻方在哪？读者可以在画上找一找。

16	3	2	13
5	10	11	8
9	6	7	12
4	15	14	1

图 2.9　《忧郁 I 》与图中的四阶幻方

除了方形幻方以外，还有其他类型的幻方，例如多种多样的“角立方”，再如将 1 到 k^3 个数填入到边长为 k 的立方体上的“幻立方”，都深受人们的喜爱。最为稀有的幻方是“六角幻方”(图 2.10)。

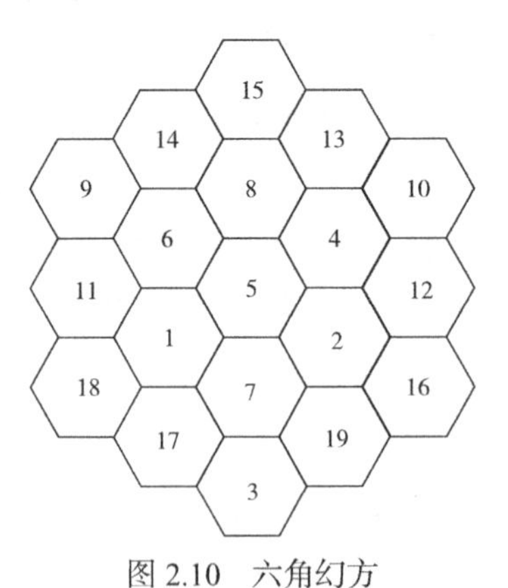

图 2.10　六角幻方

“六角幻方”是六角形的，分为三层。最中心是一个格，中间的一层是六角形，有六个格。外面的一层也是六角形，有 12 个格。将 1 到 19 的数字填入这 19 个格中，使它的十五条直线上的数字和都为 19 的 2 倍 38。读者可以试试把十五

① 出自维基百科（Wikipedia）.

条直线都找齐。

“六角幻方”是由一位名叫阿当斯的英国人发现的，这其中还有一段感人的故事。

阿当斯从 1910 年开始研究这种“六角幻方”。作为一名业余的数学爱好者，他白天工作，晚上研究。自己特制了 19 块小板，写上 19 个数字。可是排来排去，总不合适。1957 年的一天——和开始的时候比，已经 47 年过去了——阿当斯因为操劳过度，住进了医院。不过即便是在医院里，阿当斯也带着 19 块小板，继续着他的实验。

幸运突然降临到他的头上！阿当斯无意间成功了！他兴奋地跳下病床，用纸条将它记录了下来。

可是，幸福是那样的短暂。几天之后，悲剧发生了。阿当斯出院的时候，竟然在回家途中将纸条弄丢了！命运是灰暗的。然而阿当斯没有灰心。凭着大脑里的一点模糊印象，他不断地尝试。终于，五年之后，1962 年 12 月，阿当斯又一次完成了六角幻方。

阿当斯将“六角幻方”送给美国数学家、幻方专家加德纳(Gardner，1914～2010)看。加德纳查阅了所有幻方资料，确信过去从没有这样的六角幻方。包括加德纳在内的一些趣味数学专家研究之后又发现，六角幻方居然只有这一种内外三层的形式下可能排列成功，而且幻方排列的方法很有可能也只有阿当斯这一种。1969 年，另一位幻方爱好者利用刚出现时间不长的电子计算机进行计算，证明“六角幻方”的确只有这一种。

“六角幻方”的完美形式令人赞叹不已，是阿当斯多年的心血才让它成为了“幻方”宝库里的稀世之珍。虽然在现代，使用功能更强大的电子计算机已经可以很快就找到它，不需要再像阿当斯那样用人工花费四十多年的努力。但是要记住的是，阿当斯这样锲而不舍的精神才是人类能够不断前进的原因。

2.3 老虎们要过河

有三只大老虎和三只小老虎需要过河。不需要它们游泳。河边有一条船。不过，船太小了，一次只能载两只老虎，不能像图 2.11 一样六只一起过河。在过河的过程中，如果小老虎离开了妈妈，身边却出现了其他大老虎，其他大老虎就会把它吃掉。

幸好不管是大老虎还是小老虎都会划船。那么有没有方法让三只小老虎都跟着妈妈安全地过河呢?

方法当然是有的。

在设计过河方案的时候，安排大老虎的行动需要十分慎重。如果老虎妈妈丢下孩子过河时，岸边还留有别的大老虎，那任务就失败了；如果大老虎到对岸的时候，遇到没有妈妈的小老虎，那么也会造成任务的失败。小老虎的行动就要自由一些了。只要对岸没有大老虎，它就可以划船过去，因为这一岸有妈妈没有危险，对岸没有大老虎也没有危险。所以在渡河方案里，可就要辛苦小老虎们来回奔忙了。为了叙述方便，我们把三对老虎分别记为 Aa、Bb、Cc，大写字母表示母老虎，小写字母表示对应的小老虎。

图 2.11　老虎过河 1

让我们开始渡河，开始的阶段我们要让小老虎先过河做准备工作。

第一次 ab 过河，然后 a 划船返回，这时候两岸的老虎分别是 $AaBCc$ 和 b (图 2.12)；

第二次 ac 过河，然后 a 划船返回，这时候两岸的老虎分别是 $AaBC$ 和 bc (图 2.12)；

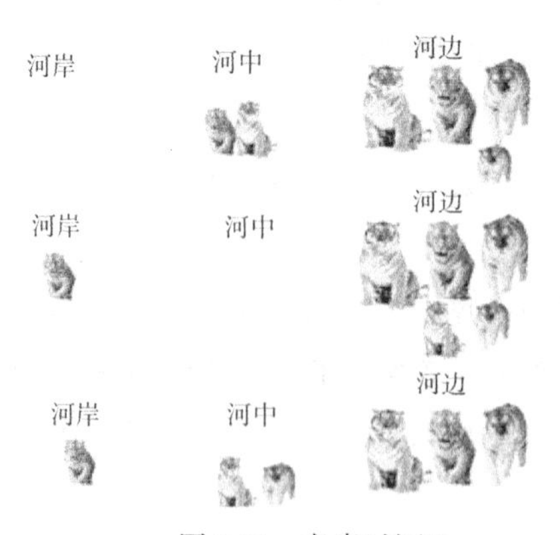

图 2.12　老虎过河 2

小老虎们已经都过河了。可是为了让妈妈们也过去，小老虎们只好再划船回来接妈妈们。下面一个阶段就应该让妈妈们渡河了。

第三次大老虎 *BC* 过河，和她们的宝宝们会合。可是因为必须要有老虎划船回来接其他老虎，所以还得有老虎回来。为了安全，得有一只大老虎和自己的宝宝一起回来。于是 *Bb* 返回，这时两岸分别是 *AaBb* 和 *Cc*(图 2.13)；

第四次 *AB* 过河，*c* 回来，两岸分别是 *abc* 和 *ABC*(图 2.13)；

图 2.13　老虎过河 3

妈妈们终于都过去了(图 2.13)，只剩小老虎在这一岸，最后的过河行动就容易了。

第五次 *ab* 过河，*a* 回来，两岸分别是 *ac* 和 *ABbC*;

第六次 *ac* 过河，六只老虎全部渡河完毕!

老虎们终于又威风起来，不需要再为数学烦心了。

这个问题可以修改一下条件，让它变得更难一些。比如说，如果只有一只大一点的小老虎 *a* 会划船，另外两只不会，那将怎么样呢？上面的方案中第四步就行不通了。为了让大家顺利过河，在方案中就需要增加一次，*Aa* 过河，*Cc* 返回。这样就变成能干的小老虎 *a* 到了对岸，以后它就可以回来接别的小老虎了。

老虎过河问题也可以换种形式，比如变成商人强盗问题：

有三名商人和三名强盗需要过河。大家都会划船，小船一次只能载两人。如果在任何一个岸边，强盗的人数超过商人的人数，他们就会开始抢劫杀人。幸好商人们负责设计过河方案，那么有没有方法让商人们都安全地过河呢？

这个问题和老虎过河略有区别，但是可以用同样的思路来考虑。强盗们和小老虎一样，过河比较自由。为了保证安全，商人们过河就要比较慎重。聪明的读者们可以自己试着设计一下过河的计划。

2.4 女生们要散步

公元 1847 年，一位英国的大学校长寇克曼提出了这样一个问题："一位女老师在课后晚自习结束时，带了 15 位女学生在林间散步。15 位女学生被要求排成五列三行，同一列的 3 人可互换位置聊聊天，但列与列间不可互换交谈。能不能排出一周 7 天，每天晚上不同的排列方法，使任何两位同学都有机会同行呢？"寇克曼在刊物中征求这一问题的答案。

答案是肯定的，确实有符合要求的安排方案。下面给出一组符合要求的分组方法。为了方便，我们用 1—15 这 15 个数字分别代表这 15 个女生：

星期日：(1，2，3)，(4，8，12)，(5，10，15)，(6，11，13)，(7，9，14)；
星期一：(1，4，5)，(2，8，10)，(3，13，14)，(6，9，15)，(7，11，12)；
星期二：(1，6，7)，(2，9，11)，(3，12，15)，(4，10，14)，(5，8，13)；
星期三：(1，8，9)，(2，12，14)，(3，5，6)，(4，11，15)，(7，10，13)；
星期四：(1，10，11)，(2，13，15)，(3，4，7)，(5，9，12)，(6，8，14)；
星期五：(1，12，13)，(2，4，6)，(3，9，10)，(5，11，14)，(7，8，15)；
星期六：(1，14，15)，(2，5，7)，(3，8，11)，(4，9，13)，(6，10，12)。

这就是一组解答，并且这样的分组方案还不是唯一的。

虽然有了一个答案，对这个问题的研究却没有结束。表面上看起来，寇克曼女生问题是简单的数字游戏，然而后来人们发现它的解在医药试验设计上有着很广泛的运用，并且它的彻底解决也并不容易。数学家对相近的问题都燃起了兴趣。这些问题的本质就是如何将一个集合中的元素组合成一定的子集系以满足特定的要求。这类问题的研究，后来被归纳为一个新的数学门类：组合设计。问题诞生过了 100 多年，普遍情形的寇克曼问题才被彻底解决。

在已知某种组合设计存在时，如何把它们构造出来？这是与实际应用联系最紧密的问题。人们发现组合设计在统计学、医药设计、农业试验、核研究、质量控制甚至在彩票、军队布阵与战略设计以及计算机芯片设计上都大有用途，因此对它的研究就有了更强大的动力。经过数学家上百年的努力，现在组合设计已经有许多构造方法，其中利用了关联矩阵、有限的射影几何、数论中的差集等许多数学知识。

2.5 哥尼斯堡的七座桥

18 世纪，德国有座风景秀丽的小城哥尼斯堡，城里的普莱格尔河上有七座小桥。河中的小岛与河的左岸、右岸各有两座桥相连结，河中两支流间的陆地与两岸和小岛各有一座桥相连结。

哥尼斯堡的居民中流传着这样一道难题：一个人怎样才能一次走遍七座桥，每座桥只走过一次？这个问题看起来不难，大家都试图找出问题的答案，但是谁也解决不了这个问题。德国哲学家康德(Kant，1724～1804)(图 2.14)一生没有离开过哥尼斯堡。每天下午康德都要在城里散步，但是他也一次都没有成功过。

图 2.14　康德

七桥问题引起了大数学家欧拉的关注。他把具体七桥布局化归为图示的简单图形(图 2.15)，于是就把七桥问题变成一个一笔画问题：怎样才能从 A，B，C，D 中的某一点出发，一笔画出这个简单图形(即笔不离开纸，而且 a，b，c，d，e，f，g 各条线只画一次不准重复)？

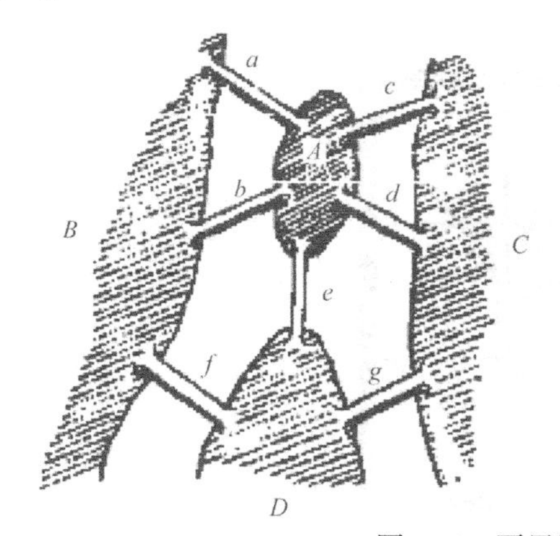

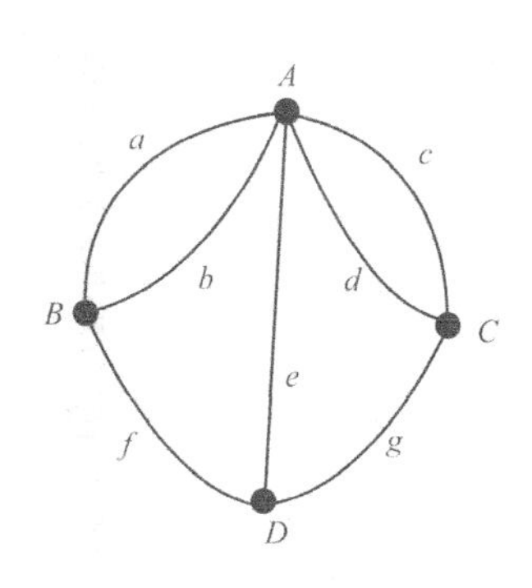

图 2.15　哥尼斯堡七桥简化图

欧拉证明了这样的走法不存在。

如果我们从某点出发，一笔画出了某个图形，到某一点终止，那么除起点和终点外，画笔每经过一个点一次，总有画进该点的一条线和画出该点的一条线，因此就有两条线与该点相连结。如果画笔经过一点 n 次，那么就有 $2n$ 条线与该点相连结。因此，这个图形中除起点与终点外的各点，都与偶数条线相连。

如果起点和终点重合，那么这个点与偶数条线相连；如果起点和终点是不同的两个点，那么这两个点与奇数条线相连。综上所述，一笔画出的图形中的各点或者都是与偶数条线相连的点，或者其中只有两个点与奇数条线相连。

现在再看看七桥图呢？A 点与 5 条线相连结，B，C，D 各点各与 3 条线相连结，所以图中就有 4 个与奇数条线相连的点。不论是否要求起点与终点重合，都不能一笔画出这个图形。

1736 年，欧拉在一次学术报告中证明了这个结论。他的研究是图论研究的开始。七桥问题本身似乎只是一个游戏，但是欧拉给出的抽象意义和论证方法开创了图论研究的先河。从那之后，数学家们开始研究图论。在现代，科技的迅猛发展为图论提供了越来越多需要解决的问题，而图论研究也为计算机科学和另外一些科学领域的发展做出了显著的贡献。

2.6 移动拼图

大家玩过移动拼图游戏吗？

在方盘里有一个空格，可以利用这个空格将图案格进行上、下、左、右的移动。游戏的目标，就是当方盘原来的图案乱了以后，利用空格再把它移动回原来的图案。

比如说象下面这样的 3×3 拼图（图 2.16）。

图 2.16　王冠拼图

大家可能都玩过这样的游戏，也许都能够顺利完成这种游戏。可是假如有一天这个方盘因为某种原因突然散了，你把它随意地拼装起来。那么这样随意拼成的新方盘能不能移动回原来的图案呢？

答案是：不一定。有一半的情况是完成不了的。

要理解这一点，先要介绍一个概念：逆序数。什么是逆序数呢？给定一个数列，如果是从小到大排列的，比如 1，2，3，4，5，那么我们把它看成是完全顺序的，这个数列的逆序数记成 0。如果数列中存在后面的数比前面的数小的情况，那么出现多少次这样大小颠倒的，就让逆序数加 1。比如说 2，3，5，4，1，2 和 3 后面有一个数比它们小，5 后面有两个数比 5 小，4 后面有一个，合计就是 5 次，这个数列的逆序数就是 5。

我们用字母和数字简单地代表 4×4 移动拼图的图案(图 2.17)。

A	*B*	*C*	*D*
E	*F*	*G*	*H*
I	*J*	*K*	*L*
M	*N*	*O*	

1	2	3	4
8	7	6	5
9	10	11	12
15	14	13	

图 2.17　字母表与对应数表

现在我们按上面右表的形式给所有格子图案编个号，A=1，B=2，…，数字排列的顺序是蛇形的。当图案移动了之后，我们仍然按右表这样排数字的顺序列出格子中的数。比如下表，左图是移动之后了的图案，右面是每个图案对应的数字(图 2.18)。

A	*C*	*E*	*I*
O	*D*	*H*	*G*
L	*K*	*B*	*F*
M	*N*	*J*	

1	3	8	9
13	4	5	6
12	11	2	7
15	14	10	

图 2.18　移动后的字母表及对应数表

按照第一次数数字的蛇形顺序得到的数列，就是：1，3，8，9，6，5，4，13，12，11，2，7，10，14，15。这个数列可以计算出逆序数等于 24。

大家仔细观察会发现，空格左右移动时，数列是不变的，所以逆序数也是不变的；空格上下移动时，会有一个数字一下子跳到偶数个数字前面、或者偶数个数字后面，不管是哪一种，逆序数的奇偶性也是不变的。

现在我们可以判断了。由于初始状态对应的逆序数是 0，是偶数，所以能够通过空格移动得到的图案，它计算出的逆序数一定也是偶数。假如拆了方盘乱拼，那么一旦这种图案对应的逆序数是奇数，就永远不能靠移动空格回到原来的图案了。

这样的判断方法很有意思。其实，逆序数这个概念不仅仅能用在游戏上。它出自于高等代数，在代数方面有着很重要的作用。这里，只是它牛刀小试而已。

2.7 棋盘、麦粒和世界末日

在古代印度有一个古老的传说。

舍罕王打算奖赏国际象棋的发明人——宰相西萨·班·达依尔。国王问他想要什么，他对国王说："陛下，请您在这张棋盘的第 1 个小格里，赏给我 1 粒麦子，在第 2 个小格里给 2 粒，第 3 小格给 4 粒，以后每一小格都比前一小格加一倍(图 2.19)。请您把这样摆满棋盘上所有 64 格的麦粒，都赏给您的仆人吧！"

图 2.19 棋盘麦粒 1

国王觉得这要求太容易满足了，就命令给他这些麦粒。当人们把一袋一袋的麦子搬来开始计数时，国王才发现：就是把全印度甚至全世界的麦粒全拿来，也满足不了那位宰相的要求。那么，宰相要求得到的麦粒到底有多少呢？

每一格都是前一格的 2 倍，所以第一格是 2^0，第二格是 2^1，第 3 格是 2^2 ……第 n 格的麦子就是 2^{n-1} (图 2.20)。

$1, 2, 2^2, 2^3, \cdots, 2^{63}$

图 2.20 棋盘麦粒 2

这些数字的和又是多少呢？第一格加第二格是 2^2-1，前三格的总数是 2^3-1……前 n 格的麦子总数就是 2^n-1。

国际象棋棋盘总共八八六十四格，所以需要的麦子总数就是：

$$2^{64}-1=18446744073709551615 \text{ 粒。}$$

如果把这些麦粒铺在地球上，可以铺满整个地球表面。地球表面的每个平方厘米大约会放上 3.6 个麦粒。

在古代印度，还有另外一个关于世界末日的古老传说。

在世界中心的圣庙里，有一座梵塔。它有三根宝石针组成，在其中一根针下，从下向上串了由大到小的 64 片金片。僧侣们按照梵天(印度教的主神)规定的法则，将金片在三根针上移来移去。一次只能移一片，而且不管在哪根针上，小片永远要在大片的上面。当 64 片都从一根针移动到另一根针上的时候，世界就将在一声霹雳中消失。世界末日到来了。

这是一个神话传说，不过我们能算出需要多长时间才能移动完所有的针吗?很显然，第一片金片的移动只需要一次就可以完成。假设原来的针是 A，我们把前 n 片移动到另一根针上的移动次数是 $P(n)$次，当然 $P(1)=1$。下面怎么办呢?我们把前 n 片移动到针 C 上，这需要 $P(n)$次。然后把第 $n+1$ 片就可以移动到针 B 上，再然后把针 C 上的 n 片再移动到针 B，放到第 $n+1$ 片上，又需要 $P(n)$次。这样就是把 $n+1$ 片金片移动到另一根上的次数了，也就是 $P(n+1)$。很显然，

$$P(n+1)=2\times P(n)+1。$$

计算一下：

$P(1)=1=2^1-1$，

$P(2)=2\times P(1)+1=3=2^2-1$。

假设 $P(n)=2^n-1$，那么

$P(n+1)=2\times(2^n-1)+1=2^{n+1}-1$

也是成立的。所以这个移动次数 $P(n)$的计算公式就是 2^n-1。

当 $n=64$ 时，总移动次数就是

$2^{64}-1=18446744073709551615$ 次，

和上一个传说的答案是一样的。

这个时间大概有多长呢?假设移动一次金片需要 1 秒，那么

18446744073709551615 秒除以 60 秒除以 60 分除以 24 小时除以 365 天，

答案会是 5849 亿年!

太阳系的寿命也只有 200 亿年，所以就算这个传说是真的，我们也完全没必要担心。

梵塔传说的解法中蕴涵了数学上非常重要的递归思想。

2.8 三十六位军官

18 世纪的俄国沙皇亚历山大一世是一位数学爱好者。他喜欢找一些军官排成方阵让自己检阅。

有一天，他又设计了一个方阵计划，却怎么也排不出来，最后只得去请教大数学家欧拉。

从不同的 6 个军团各选 6 种不同军阶的 6 名军官共 36 人，排成一个 6 行 6 列的方队，使得各行各列的 6 名军官恰好来自不同的军团而且军阶各不相同，应如何排这个方队？

如果用(1,1)表示来自第一个军团具有第一种军阶的军官，用(1,2)表示来自第一个军团具有第二种军阶的军官，用(6,6)表示来自第六个军团具有第六种军阶的军官，则欧拉的问题就是如何将这 36 个数对排成方阵，使得每行每列的数无论从第一个数看还是从第二个数看，都恰好是由 1，2，3，4，5，6 组成。历史上称这个问题为三十六军官问题。

为了解决三十六军官问题，欧拉提出了拉丁方的概念。一个由数组成的方阵，如果每一行或者每一列数字都不重复，就称为拉丁方。三十六军官问题中这样由数组组成的方阵，实际上需要由两个这样的拉丁方组成。如果所有的数组也都不相同，就称为相互正交的拉丁方。欧拉证明对所有奇数和所有被 4 整除的正整数都存在正交拉丁方对。也就是说，类似的九军官问题、十六军官问题都是有解的。但是对除 4 余 2 的数，比如 6，10，欧拉就没找到了。他猜测对这些数，正交拉丁方不存在。

直到 20 世纪初，数学家才证明 6 阶的正交拉丁方对确实是不存在的。三十六军官问题无解。不过，后来数学家们证明对 10 以及其他数，正交拉丁方对都存在。欧拉在后面这些数上猜错了。

拉丁方问题现在仍然被数学家研究着。因为在组合数学的许多方面，拉丁方都能派上用场。数学家们还想知道，相互正交的拉丁方对既然有了，那到底有多少这样的拉丁方对呢？这个问题就更困难了，而且和射影平面有关。

2.9 越来越多的兔子

意大利数学家斐波那契(Fibonacci，1175～1250)（图 2.21）在他的著作《算盘书》中记载了下面一个有趣的问题。

图 2.21　意大利数学家斐波那契

一对刚出生的幼兔(公母各 1 只)经过 1 个月可长成成年兔，成年兔再经过 1 个月后可以繁殖出 1 对幼兔。若不计兔子的死亡数，问 1 年之后共有多少对兔子？

可以计算一下：最初是 1 对，1 个月后还是 1 对，2 个月后是 2 对，3 个月后是 3 对，4 个月后是 5 对，然后是 8 对、13 对、21 对、34 对、55 对、89 对、144 对、233 对。最后的答案是 233 对。

规律是什么呢？这个问题用数学方法进行解决，就得到了一个数列。将兔群总数记为 F_n，$n=0$，1，2，…，根据题意可以知道 F_n 满足下列递推关系：

$$F_0=F_1=1\text{，}\ F_{n+2}=F_{n+1}+F_n\text{，}\ n=0\text{，}1\text{，}2\text{，}\cdots$$

这个数列，现在被称为斐波那契数列。斐波那契数列中最初的几个数字就是：1，1，2，3，5，8，13，21，34，55，89，144，233，…，斐波那契数列是一个十分有趣的数列，在自然科学各个领域，都有着非常广泛的应用。自然界中许多自然、社会以及生活中的许多现象的解释，最后往往都能归结到斐波那契数列上来。比如：

(1) 向日葵种子的排列方式。仔细观察向日葵花盘，你会发现两组螺旋线，一组顺时针方向盘旋，另一组则逆时针方向盘旋，并且彼此相嵌(图 2.22)。虽然不同的向日葵品种中，种子顺、逆时针方向和螺旋线的数量有所不同，但往往不会超出 34 和 55，55 和 89 或者 89 和 144 这 3 组数字，这每组数字就是斐波那契数列中相邻的两个数。前一个数字是顺时针盘旋的线数，后一个数字是逆时针盘旋的线数。

图 2.22　向日葵

⑵雏菊小菊花花盘的蜗形排列中，也有类似的数学模式，只不过数字略小一些，向右转的有 21 条，向左转的 34 条。菠萝果实上的菱形鳞片，一行行排列起来，8 行向左倾斜，13 行向右倾斜(图 2.23)。

图 2.23　雏菊、菠萝果实和鳞片

⑶常见的落叶松是一种针叶树，其松果上的鳞片在两个方向上各排成 5 行和 8 行(图 2.24)。挪威云杉的球果在一个方向上有 3 行鳞片，在另一个方向上有 5 行鳞片。美国松的松果鳞片则在两个方向上各排成 3 行和 5 行。

图 2.24　松果

(4)蜜蜂的“家谱”。蜜蜂的繁殖规律是雄蜂只有母亲，没有父亲，因为蜂后所产的卵，受精的孵化为雌蜂(即工蜂或蜂后)，未受精的孵化为雄蜂。人们在追溯雄蜂的家谱时，发现一只雄蜂的第 n 代子孙的数目刚好就是斐波那契数列的第 n 项 F_n 。

为什么斐波那契数列会有这样多的“巧合”呢？这是动植物在大自然中长期适应和进化的结果。生物的形态所显示的数学特征是它们的生长繁殖在动态过程中会产生的结果，当前阶段的生长自然会受到它前一阶段生存状态的影响，所以生长也就体现出了递推的关系。用递推关系式表示数量关系的斐波那契数列和生命现象密切相联。随着电子计算机的广泛应用，使用递推方法研究数量之间关系的方法更加容易，也就提高了斐波那契数列在数学及其他领域中的地位，使这个古老的数学问题越来越受到人们的重视。

2.10 放大祭坛

公元前 400 年，古希腊雅典流行疫病。为了消除灾难，人们向太阳神阿波罗求助(图 2.25)。阿波罗提出要求，说必须将他神殿前的正方体祭坛的体积扩大 1 倍，才会阻止疫病继续流行。起初，人们并没有认识到满足这一要求的难度，简单地将祭坛的边长扩大了一倍。结果当然不行，疫病仍然在流行。原来，边长变成了原来的 2 倍，体积就一下子变成了原来的 8 倍，当然是不对的。人们几经努力，最终还是办不到阿波罗的要求。

图 2.25　太阳神阿波罗

这个故事的真实性可能是成问题的，大概是哪位数学家将自己的问题隐藏到了神话的背后。故事里，包含了古希腊时代著名的一个尺规作图问题——“立方倍积”。用数学语言表达就是：已知一个立方体，求作一个立方体，使它的体积是已知立方体的两倍。实际上也就是要画出 2 的立方根 $\sqrt[3]{2}$ 来。

什么叫尺规作图呢？古希腊数学家认为，直线和圆是可以信赖的最基本的图形，而直尺和圆规是这两种图形的具体体现，因而只有用直尺和圆规作出的图形才是可信的。

公元前五世纪的希腊数学家，就已经习惯于用不带刻度的直尺和圆规(以下简称尺规)来作图了。尺规作图对作图的工具——直尺和圆规的作用有所限制。直尺和圆规所能作的基本图形只有：过两点画一条直线、作圆、作两条直线的交点、作两圆的交点、作一条直线与一个圆的交点。

用简单的工具解决问题当然难度很大，但尺规作图并不是仅为了追求难度而限制工具使用的。圆是到中心的距离相等的图形，反映出来的是点的性质。直尺体现的是直线。点与线是几何的核心概念。重要的尺规作图问题引起人们的兴趣，正是因为它们反映出了几何的本质。尺规作图是对人类智慧的挑战，也是培养人的思维与操作能力的有效手段。古希腊在几何的研究方面取得了辉煌成就，然而遗留下了著名的三大几何作图难题无法解决。“立方倍积”问题就是其中之一，另外两个是“三等分任意角”问题和”化圆为方”问题。

任意给定一个角，仅用直尺和圆规作它的角平分线是很容易的。这就是说，二等分任意角是能够做到的。于是，人们自然想到，任意给定一个角，能不能仅用直尺和圆规将它三等分呢？这就是“三等分任意角”问题。这个看上去并不困难的问题，一样困扰了人们上千年。历代数学家尽管费了很大的气力，却没能把这件看来容易的事做成。

图 2.26　阿那克萨哥拉

“化圆为方”问题是由古希腊著名数学家、天文学家阿那克萨哥拉(Anaxagoras，公元前 500～前 428)提出的（图 2.26）。他在天文学中最著名的贡献是提出月球自身并不发光，并给出理论解释日食、月食的成因。在阿那克萨哥拉大约 50 岁的时候，冤狱之苦从天而降。由于他认为太阳是一块炽热的石头，而当时的宗教一口咬定太阳是神灵。这位学者无视宗教的权威，被投入监狱。在阴暗、潮湿的牢房里，他看不到外面的日出日落。每天只有不长时间，阳光能穿过牢房那狭小的方形窗户进入室内。

有一天，阿那克萨哥拉在凝视圆圆的太阳送给他的方形的光亮时，突发奇想：能不能(仅用直尺和圆规)作一个正方形，使其面积与一个已知圆的面积恰好相等呢？“化圆为方”问题诞生了。实际上，这个正方形边长应该是圆面积的平方根，对于半径为 1 的单位圆，对应的正方形边长就是 $\sqrt{\pi}$ 。“化圆为方”问题就是能不能只用尺规作图画出长为$\sqrt{\pi}$的直线的问题。

古希腊三大几何作图问题，既引人入胜，又十分困难。希腊人为解决三大几何问题付出了许多努力，后来许多国家的数学家和数学爱好者也一再向这三大问题发起攻击。可是，这三大问题却在长达 2000 多年的漫长岁月里悬而未决。问题的妙处在于它们从形式上看非常简单，但却必须在认识到几何学的深刻内涵之后才能解决。它们都要求作图只能使用圆规和无刻度的直尺，并且只能有限次地使用直尺和圆规。某个图形是可作的，就是指能够从若干点出发、通过有限个基本图形复合得到。这样的思考过程隐含了近代代数学的思想。

十八世纪，人们应用代数方法对尺规作图的可能性进行了深入的研究，数学家们把几何作图问题化归为一个代数方程来加以考虑。一个尺规作图问题能否解决，需要看与此问题相对应的代数方程的根能不能通过对系数进行加减乘除和开平方的运算求出来。如果方程的解在这种要求下求不出来，那么尺规作图就是不可能完成的。1837 年，法国数学家旺策尔(Wantzel，1814～1848)终于给出三等分任意角和立方倍积问题都是尺规作图不可能问题的证明。后来人们又发现，早在 1830 年，19 岁的法国数学家伽罗瓦(Galois，1811～1832)(图 2.27)创造了后来被命名为“伽罗瓦理论”的数学思想，能证明前两个作图问题都是尺规作图不能做到的问题。

图 2.27　伽罗瓦

到了 1882 年，德国数学家林德曼(Lindemann，1852～1939)又证明了 π 不可能是任何一个整系数多项式方程的根。于是“化圆为方”问题也获得解决。至此，困扰人们 2000 多年的三大作图问题都被证明是无法用尺规作图完成的。

认识到有些事情确实是不可能的，并且找到办法证明，这是数学思想的一大飞跃。解决三大尺规作图问题的历史过程也能给我们另外一个启示。一个未解决的问题的意义，不仅在于这个问题的解本身，更在于这个问题的解决过程中，数学家能够得到不少新的成果，发现许多新的方法。

2.11 阿基里斯追乌龟

阿基里斯是古希腊神话中的一个著名的跑步英雄，相传他俊美、机警、敏捷，尤其是跑步速度快，有“捷足的阿基里斯”之称。可是，就是这样一个“捷足”的阿基里斯，有人提出：即使他跑得再快，也追不上在他前面 100 米远的一只乌龟。提出这个设想的人是古希腊著名的数学家、哲学家芝诺(Zeno，约公元前 490～前 425)(图 2.28)。后来，这个设想成为一道著名难题。

图 2.28　芝诺

芝诺提出这个设想的理由是：假设阿基里斯的速度是乌龟的 10 倍，那么，当他追出 100 米来到乌龟出发的地方时，乌龟已经向前走了 100÷10=10 米；当他再追 10 米时，乌龟又向前走了 10÷10=1 米；当他再追 1 米时，乌龟又前进了 1÷10=0.1 米……这样，无论阿基里斯多努力，也无论他跑多久，他和乌龟之间将始终相隔一段距离，所以怎么也追不上乌龟。

一个以机警敏捷而著称的英雄，竟然跑不过因动作迟缓而闻名的乌龟，这可能吗？到底是怎么回事呢？

芝诺的结论显然是不对的，但是他的诡辩诀窍在哪里呢？芝诺的论证不是错误的：上述的追乌龟过程确实可以无限进行下去；每个过程都是一个时间段；阿基里斯追乌龟的时间就是这无限多个时间段之和。但是后面的话却隐含了一个假设：无限个时间段加在一起就是永远吗？

错了。如果这些时间段是无限小的，那么无限多个无限小之和就不一定是无限大了。

关于无限，中国古代有一句话：“一尺之棰，日取其半，万世不竭。”第一天是 1/2，第二天是 1/4，第三天是 1/8，以后每天都取前一天的一半。由于剩下的始终还有前一天的一半，所以永远取不完。但是这无穷多天到底取了多少呢？加起来还不到一尺。

这样的无穷多个数的和就是数学上的无穷级数。一个无穷级数的和是不是存在，需要看这个级数的具体情况。阿基里斯追乌龟这样的级数之和，就是一个有限数。虽然芝诺划分了无限个时间段，但这些时间段是对有限时间做无限分划得到的。

阿基里斯追乌龟的有趣故事反映了古代的学者们对无限的初步看法，是人类认识的一大进步。

关于无穷级数的故事，还有一个现代版的“飞来飞去的小鸟”。

有甲、乙两人隔着一段距离对面行走。他们中间有一只小鸟。小鸟从乙的身边向甲飞，遇到甲后回头再向乙飞，遇到乙后再回头向甲飞……依此类推，小鸟在两人中间不断地飞来飞去，直到甲、乙两人相遇。假设甲、乙两人的行走速度、小鸟的飞行速度以及甲、乙两人最初的距离都是知道的，你能计算出小鸟总共的飞行距离吗？

如果简单分析的话，这个问题就和“阿基里斯追乌龟”一样，也是一个无穷级数之和。小鸟从一个人飞到另一个人的每一段时间都可以计算出来。当然，这些时间段相互之间也有关系，可以得到一个公式。每一段的时间乘以速度，就是路程。所有段的路程加在一起，就是小鸟总的飞行距离了。这个计算需要使用一个等比无穷数列的求和公式。

过程说起来都那么麻烦，实际计算起来就更麻烦了。其实并不需要那么算。

小鸟飞行的总时间，就是甲、乙两人对面行走直到相遇的时间，只需要用两人最初的距离除以两人的速度之和就可以得到了。用时间乘上小鸟的速度，马上就能得到小鸟飞行的距离。这个结果和利用无穷级数求出来的结果也是相等的。

2.12 谷堆之辩

古代的哲学家很多都喜欢诡辩。而他们提出的许多诡辩和悖论都蕴涵着一些数学新思想的光辉。“阿基里斯追乌龟”是这样，“谷堆之辩”也是如此。

现在假如给你 1 粒谷子放在地上，这能算一个谷堆吗？你当然会回答：不能。

2 粒谷子呢？也不能。3 粒谷子呢？依此类推，一粒粒的加上去，无论多少粒你都能说不是谷堆吗？

这你当然不干。你肯定会说，多到一定程度的时候，你就会同意那是谷堆了。好了，一粒粒的加上去。前面你都说“不是”。而我们又知道你最后会说“是”。那么中间肯定有一个时刻：前面你一直都说“不是”，加了一粒之后它就变成“是”了。换句话说，一堆谷子，你只要从其中拿掉一粒谷子，它就不是一堆谷子了。对吗？

现在觉得疑惑了吗？有点不对劲了吧。这就是著名的谷堆之辩。在这个故事里，反映的是模糊数学的理念。

在很长时间里，数学一直被认为是一门精确的科学。对所有事情，都寻找准确的数字去描述它。然而，在自然界中，还普遍存在着大量的模糊现象。就像“谷堆”，到底什么叫作“堆”呢？

在日常生活中，经常遇到许多模糊事物，没有分明的数量界限，要使用一些模糊的词句来形容和描述。比如，比较年轻、高个、大胖子、好、漂亮、善、热、远……在人们的工作经验中，往往也有许多模糊的东西。例如，要确定一炉钢水是否已经炼好，除了要知道钢水的温度、成分比例和冶炼时间等精确信息外，还需要参考钢水颜色、沸腾情况等模糊信息。能够描述这些模糊信息的数学，就是模糊数学。

1965 年，美国控制论专家、数学家查德(Zadeh，1921～)发表了论文《模糊集合》，标志着模糊数学这门学科的诞生。模糊数学研究模糊概念和精确数学、随机数学的关系，也研究模糊语言学和模糊逻辑。模糊数学的最重要应用是在计算机方面。

人脑与计算机相比，具有处理模糊信息的能力，善于判断和处理模糊现象。但计算机对模糊现象识别能力较差，为了提高计算机识别模糊现象的能力，就需要把人们常用的模糊语言设计成机器能接受的指令和程序，以便机器能像人脑那样简洁灵活地做出相应的判断。这样就需要寻找合适的工具。模糊数学正是满足这一要求的。目前，世界上许多国家都在积极研究、试制具有智能化的模糊计算机。

模糊数学还取得了许多进展，但是还远没有成熟。它的理论还需要在实践中去运用、去检验。

2.13 寻找次品球

在我们的眼前有 12 个外观完全相同的小球，已经知道 12 个球里有一个次品，重量和其他 11 个不一样(图 2.29)。

不过，并不知道这个次品是偏轻还是偏重。给我们一架天平，可以把这些球放在天平上，比较它们的重量。只允许称三次，有没有办法把这个次品找出来呢？

在解决这个问题之前，我们先要建立一个基本的观念。什么样的称重结果能够让我们分辨出次品呢？对每个球而言，都有可能是次品。次品又有偏重、偏轻两种可能。所以我们需要分辨的次品可能性总共有 $12\times2=24$ 种。天平每次称重可以有左重右轻、左右相等、左轻右重 3 种结果(不妨简记为重、平、轻)，3 次称重出现的可能组合数总共是 $3\times3\times3=27$ 种。由于结果的组合数多于需要分辨的可能数，所以我们还是可以试一试设计解决方案的。读者要注意，如果结果的组合数少于需要分辨的可能数的话，肯定会有多种次品可能性落在同一组结果上，那么肯定就无法分辨出来了。

图 2.29　12 个小球

解决方案并不是唯一的，我们这里给出其中的一种。为了方便起见，我们不妨将 12 个球进行编号，分别设它们是 1—12 号球。

第一次，先将 1—4 号放在天平的左边，5—8 号放在天平的右边。

如果结果是左重，那么次品一定在 1—8 号球里：可能是在 1—4 号球中，并且次品偏重；也可能是在 5—8 号球中，并且次品偏轻。这样，剩余的需要分辨的可能是 8 种，而我们剩下的两次称重机会最多能够分辨 9 种可能，所以还是可以继续称下去。

如果结果是左轻，那么次品也一定在 1—8 号球里：可能是在 1—4 号球中，并且次品偏轻；也可能是在 5—8 号球中，并且次品偏重。剩余的需要分辨的可能也是 8 种。

如果结果是相等，那么次品一定在 9—12 号球里，不过我们不知道次品是偏重还是偏轻。所以剩余的需要分辨的可能也是 8 种。

(1) 对于第一次称重的结果是左重的，我们的第二次称重可以这样来进行：将 1，5，6，7 号球放在天平的左边，8，9，10，11 号球放在天平的右边。

如果第二次称重的结果是左重，要么是 1，5，6，7 里有偏重的次品，要么是 8，9，10，11 里有偏轻的次品。可是第一次的结果告诉我们，5，6，7 如果是次品的话，只能是偏轻；9，10，11 一定是正品。所以我们需要分辨的只剩下 1 是偏重次品或 8 是偏轻次品两种可能了。第三次称重，我们用 1 和任意的正品比较一下就知道了。1 和正品相比偏重，那么它就是次品；1 和正品重量相等，那么 8 就是偏轻次品。当然，如果用 8 和正品称重，也可以根据称重结果分辨出最终次品的。

第二次称重的结果如果是左轻，要么是 1，5，6，7 里有偏轻的次品，要么是 8，9，10，11 里有偏重的次品。可是第一次的结果告诉我们，1 如果是次品的话，只能是偏重；8 如果是次品的话，只能是偏轻；9，10，11 一定是正品。所以次品一定在 5，6，7 当中，而且一定是偏轻的，恰巧 3 种需要分辨的情形。第三次称重，我们用 5 和 6 比较：轻的一个就是次品；如果相等，那么 7 就是次品。

第二次称重的结果如果是相等，要么这 8 个一定是正品，次品只能出现在 2，3，4 当中，而且一定是偏重的，恰巧 3 种需要分辨的情形。第三次称重，我们用 2 和 3 比较：重的一个就是次品；如果相等，那么 4 就是次品。

⑵ 对于第一次称重的结果是左轻的，我们的第二次称重可以按同样的方案来进行：将 1，5，6，7 号球放在天平的左边，8，9，10，11 号球放在天平的右边。

和第⑴种情形相比，这种情况完全是对称的，仅仅是重和轻的结果交换一下而已。读者们完全可以自己找出次品的分辨方案。

⑶ 对于第一次称重的结果是相等的，第二次称重可以按下述的方案来进行：将 1，2，3 号球放在天平的左边，9，10，11 号球放在天平的右边。

1，2，3 号球已经肯定是正品了，所以如果第二次称重是左重，次品一定在 9，10，11 当中，并且是偏轻；如果第二次称重是左轻，次品一定在 9，10，11 当中，并且是偏重。对这两种情况，我们第三次称重将 9 号和 10 号球比较，可以根据结果分辨出最后的次品。如果第二次称重是相等，那么 12 号球就是次品。我们将 12 号球和任意一个正品比较，就可以知道它是偏重还是偏轻了。

这样我们就给出了一个称重方案，能够让我们分辨出次品来。

有没有其他的称重方案呢？也是有的。我们可以再给出一种。如果第一次称重的结果是左重，在第二次称重时，我们可以采取下述的称重方案：

将 1，5，6 号球放在天平的左边，2，7，8 号球放在天平的右边。

这时，如果第二次称重的结果是左重，要么 1 是偏重的次品，要么是 7，8 里有偏轻的次品。那么我们第三次称重将 7，8 作比较。7，8 里轻的一个是次品；如果相等，那么 1 就是次品。

如果第二次称重的结果是左轻，要么 2 是偏重的次品，要么是 5，6 里有偏轻的次品。那么我们第三次称重将 5，6 作比较。5，6 里轻的一个是次品；如果相等，那么 2 就是次品。

如果第二次称重的结果是相等，那么 1，2，5，6，7，8 都是正品。次品必然是 3，4 重的一个，并且偏重。第三次称重将 3，4 比较，就可以知道答案了。

类似于这样的思想，读者们可以继续设计其他的称重方案。

寻找次品的问题，是否可以变得更难一些呢？比如说将球的数量增加到 13 个。

在做问题基本分析的时候，我们可以发现需要分辨的可能情形是 $13\times2=26$ 种，少于称重结果的组合数 27 种。虽然如此，13 球的问题是没有解决方案的。需要分辨的可能情形少于称重结果的组合数，仅仅是存在解决方案的必要条件，并不意味着一定存在解决方案。

无论我们如何设计解决方案，比如说第一次称重时用 8 个球，将 1，2，3，4 号球放在天平左边，5，6，7，8 号球放在天平右边。这时，假如结果是重量相等，那么次品将在 9，10，11，12，13 五个球当中，并且不知道偏重还是偏轻。存在十种需要分辨的剩余情形，是没有办法用剩下的两次称重解决的。再比如说第一次称重时用 10 个球，将 1，2，3，4，5 号球放在天平左边，6，7，8，9，10 号球放在天平右边。这时假如结果是左重，那么可能是 1，2，3，4，5 号球里有偏重的，也可能是 6，7，8，9，10 号球里有偏轻的。存在十种需要分辨的剩余情形，也是没有办法用剩下的两次称重解决。

所以，13 球问题是无解的。不过要说明的是，次品是哪一个球我们是有可能找出来的，只是没办法知道那一个到底是偏重的还是偏轻的。

称球问题，虽然只是一个游戏，然而反映出来的是信息论中的数学思想。信息论是专门研究信息的有效处理和可靠传输的一般规律的科学，借助信息，可以逐步消除事物的不确定性。信息论在 20 世纪 40 年代诞生之后，已经在人类生活中发挥了巨大的作用。

最后，我们可以将问题的条件再改变一下。假如另外又给了我们第 14 号球，并且知道这个球一定是正品。在 14 号球的帮助下，我们能不能设计方案解决 13 球问题呢？读者们可以自己开动脑筋，想出解决方案来。

2.14 怎么选中汽车

美国曾经流行过一个电视游戏，最后的获胜者将有机会获得一辆汽车。

不过，这个机会需要自己作出选择。规则是这样的：

总共有三扇门，其中一扇门后有汽车，另外两扇门是空的。游戏者选择其中一扇门站在门口，但是不打开。这时主持人将剩下的两扇门中推开一扇。

由于主持人是知道哪一扇门有汽车的，所以他推开的一定是没有汽车的门。下面就由游戏者选择了。游戏者是选择他第一次找的、也就是他正站在门口的那扇门打开呢？还是换成选择剩下的另外一道门打开呢？选择正确的就将获得汽车，选择错误的就和汽车失之交臂了。

亲爱的读者，如果参与游戏的是你，你会怎么选择呢？

这个游戏在美国曾经风行一时，作为一些智力获奖游戏的最后一关。在这个问题里，使用到的就是数学概率论里面的知识。最理智的选择应该是让自己获得汽车的概率最大，不过当然不是每个人都够理智的。正确的答案是：

选择剩下的另外一道门打开。

首先要知道的是，由于事先摆放汽车是随机的，因此汽车出现在三扇门后面的机会也就是概率是相等的，都是三分之一。

当游戏者首先站在一扇门前的时候，这扇门后面有汽车的概率是三分之一，没有汽车的概率是三分之二。

如果他最初选的这扇门后有汽车，那么最后选择剩下的另外一扇门打开，就会失去汽车。这个事件的概率是三分之一。

如果他最初选的这扇门后没有汽车，那么汽车一定在另外两道门后面。由于主持人在这两扇门中推开的一扇一定是没有汽车的，所以剩下的最后一道门一定是有汽车的。选择这道门当然就得到了汽车。这一事件的概率是三分之二。

选择原来的门获得汽车的概率是三分之一，选择另一道门获得汽车的概率是三分之二，那么当然是选择另一道门了。

在这个问题里面，关键是主持人一定会推开没有汽车的门。这一步让游戏者获得汽车的概率增大了。

2.15 满地都是扔掉的针

图 2.30　蒲丰

18 世纪的一天，法国数学家蒲丰(Buffon，1707～1788)请了许多朋友到家里做客(图 2.30)。在宴会之前，蒲丰宣称要做一次重要的实验。

蒲丰让人在桌子上铺好一张大白纸，白纸上画满了等距离的平行线，他又拿出很多等长的小针，小针的长度都是平行线的一半。蒲丰说：“请大家把这些小针往这张白纸上随便扔。”客人们莫名其妙，不过按他说的做了。扔了一会，蒲丰请客人们开始参加宴会，留下几个仆人继续实验(图 2.31)。

宴会结束了，蒲丰带着客人们回到实验场地。他说：“让我们来计算圆周率吧。”原来，在大家扔针的时候，蒲丰让仆人记录下所有人扔针的总次数，以及其中针与平行线发生相交的次数。

他告诉大家：

扔针的总次数 ÷ 针与平行线发生相交的次数=圆周率。

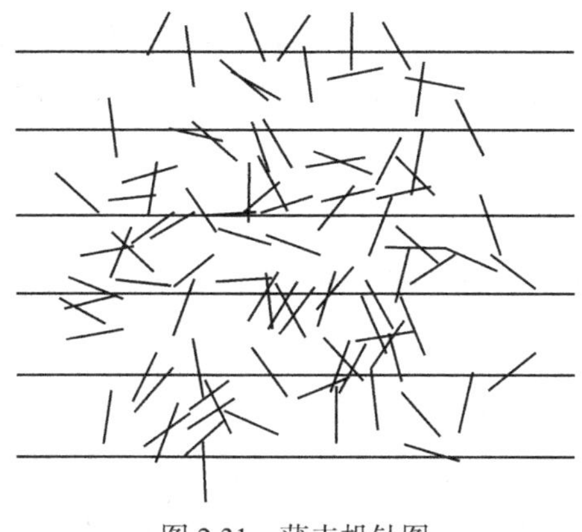

图 2.31　蒲丰投针图

这也太奇怪了吧，圆周率是怎么冒出来的？客人们将信将疑。蒲丰让仆人们拿来了统计结果：

所有人共掷 2212 次；

小针与纸上平行线相交 704 次；

$2212 \div 704 \approx 3.142$！

这真的是圆周率 π 的近似值啊，甚至比人们常用的 3.14 还更接近圆周率 π。

蒲丰说："这样的实验每次都会得到圆周率的近似值，投掷的次数越多，求出圆周率的近似值越精确。"这就是著名的"蒲丰投针试验"。

在 1777 年出版的《或然性算术实验》一书中，蒲丰将实验记录了下来，并提出了一种计算圆周率 π 的方法——随机投针法。这个实验方法的操作很简单：

(1) 取一张白纸，在上面画上许多条间距为 d 的平行线；

(2) 取一根长度为 $l(l<d)$ 的针，随机地向画有平行直线的纸上掷 n 次，观察针与直线相交的次数，记为 m；

(3) 计算针与直线相交的概率，也就是针与直线相交的次数 m 和投掷总次数 n 的比值。

蒲丰在书里证明了，这个概率就是 $2l/\pi d$。

在"蒲丰投针试验"里，圆周率到底是从哪里冒出来的呢？其实，这并不神秘，游戏的背后有着它的数学规律。要认识数学规律，需要掌握正确的数学表达形式。

针落在地上的时候，它的形状和位置可以用两个因素决定：一是针的一端落地点的坐标，二是针所在直线和平行线之间的夹角。由于针是随机的落在地上的，所以夹角是在[0,π]之间平均分布的。蒲丰计算了针和平行线相交需要满足的几何条件。在针落地所有可能中，满足条件的比例就是 $2l/\pi d$。

“蒲丰投针试验”虽然看上去只是一个游戏，然而重要的是，它是历史上第一个用几何形式表达概率问题的例子。蒲丰首次使用随机实验处理确定性数学问题，是用偶然性方法去解决确定性计算问题的前导。他计算 π 的这一方法，既因其新颖、奇妙而让人叫绝，也开创了使用随机数处理确定性数学问题的先河，推动了概率论的发展。

亲爱的读者，如果感兴趣的话，也可以在家里自己做一下这个实验。不过，每次扔完一根针之后，最好把针捡起来再继续扔，不然实验做到最后，地上就全是针了。要想真的算出 3.14 来，那可是要扔好多好多次针的。

2.16 地图与四色猜想

1852 年，英国的格思里(Guthrie)到一家单位做地图着色工作，意外地发现了一种有趣的现象：“每幅地图只需要用四种颜色着色，就可以让有共同边界的国家着上不同的颜色。”

这个现象能不能从数学上加以严格证明呢？他和在大学读数学专业的弟弟为证明这一问题使用的稿纸堆了一大叠，可是研究工作毫无进展。

1852 年 10 月 23 日，格思里的弟弟就这个问题的证明请教他的老师、英国著名数学家德・摩根(De Morgan，1806～1871)(图 2.32)，德・摩根也没有能找到解决这个问题的途径，于是写信给自己的好友、著名数学家哈密顿爵士(Hamilton，1805～1865)(图 2.33)。哈密顿接到德・摩根的信后，对四色问题进行论证。但直到他逝世，问题也没有能够解决。

图 2.32　德・摩根

图 2.33　哈密顿

图 2.34 凯莱

1872 年，英国当时最著名的数学家凯莱(Cayley，1821～1895)(图 2.34)正式向伦敦数学学会提出了这个问题，于是四色猜想成了世界数学界关注的问题之一。

作为实用问题，人们已经相信它是正确的。实际的地图着色确实只需要四种颜色。但是如何进行严格的数学证明，虽然数学家对此绞尽脑汁，但一无所获，甚至还先后做出了几个错误的证明。人们开始认识到，这个貌似容易的题目，其实是一个难题。

进入 20 世纪后，科学家们对四色猜想的证明取得了一些进展。1939 年有人证明了 22 国以下的地图都可以用四色着色。1950 年，22 国被推进到 35 国。后来有人又证明了 39 国以下的地图可以只用四种颜色着色；随后又推进到了 50 国。不过这种推进十分缓慢。

人们证明四色猜想的思路，主要是把地图的可能图形转化成基本的构型。可是这些构型是非常多的，因此计算和检验都很复杂。

1946 年 2 月 14 日，第一台通过的电子计算机 ENIAC(全称为 Electronic Numerical Integrator And Computer，即电子数字积分计算机)在美国问世（图 2.35）。

图 2.35 第一代电子计算机 ENIAC

电子计算机的诞生，大大方便了科学研究。电子计算机允许的演算速度迅速提高，四色猜想的复杂构型的分解证明逐渐变成了可能。1976 年，美国数学家阿佩尔(Appel，1932～2013)与德国数学家哈肯(Haken，1928～)设计了计算机程序，在美国伊利诺伊大学(University of Illinois)的两台不同的电子计算机上，用了1200个小时，作了100亿次逻辑判断，终于完成了四色定理的证明。

四色猜想的计算机证明，轰动了世界。它不仅是解决了一个历时100多年的难题，而且破天荒地提供了用计算机证明数学难题的思路。这有可能成为数学史上一系列新思维的起点。

2.17 孙庞猜数

孙膑(战国时人，生卒年不详)和庞涓(战国时人，生年不详，卒于公元前341年)是中国战国时期著名的军事家。由于他们都是非常聪明的人物，因此在很多智慧故事中，都借用了他们的名字。

据说孙膑和庞涓是大学问家鬼谷子(图2.36)的徒弟。有一天，鬼谷子给他们出了一道有趣的问题。他从2到99中选出两个不同的整数，把两个数的乘积告诉了孙膑，把两个数的和告诉了庞涓。只靠乘积与和，孙膑和庞涓能猜出这两个数是什么吗?

图2.36　鬼谷子

庞涓说："我虽然不能确定这两个数是什么，但是我肯定你也不知道这两个数是什么。"

孙膑说："我本来的确不知道，但是听你这么一说，我现在知道这两个数字是什么了。"

庞涓说："哼，既然你这么说，我现在也知道这两个数字是什么了。"

这个故事真是太绕口了，到底是知道还是不知道呢？反正最后结果是，这两个聪明人都知道答案了。他们到底是怎么知道的啊?

在这个故事里，用到的是数学中关于质数的知识。一个正整数，如果能够分解成两个大于1的整数的乘积，那么就称为合数。比如说 $4=2\times2$，$6=2\times3$，都是合数。如果一个大于 1 的正整数不能分解成这样的乘积，那么就称为质数。比如，2，3，5，7，…一个质数只能被 1 和它自身除尽。下面我们就看看孙膑和庞涓是怎么算出结果来的。

问题解决的第一步：

首先，庞涓说："我虽然不能确定这两个数是什么，但是我肯定你也不知道这两个数是什么。"

庞涓是怎么"肯定"的呢？如果说孙膑得到的数刚好是两个质数的乘积。比如说 35。那么孙膑一下子就能知道鬼谷子写的两个数就是 5 和 7。因为 35 唯一分解成乘积的可能就是 5×7 了。可是庞涓能肯定孙膑不知道，这就说明了庞涓手里的数绝不会是两个质数的和。不然的话，比如说庞涓手里的数是 12。12 可以是 5 和 7 的和，万一这两个数就是 5 和 7 呢？再比如庞涓手里的数是 15。15 可以是 2 和 13 的和。万一孙膑手里的数是 26，不就可以容易地知道两个数是 2 和 13 了吗？可是，庞涓能够"肯定"地知道这些情况都不可能出现，那么他手里的数就不可能表达成 2 个不同质数的和。

其次，如果孙膑得到的数能够被超过 50 的质数整除，那么孙膑也是能够知道答案的。因为鬼谷子的两个数都在 2 到 99 之间，如果能够被超过 50 的质数整除，那么其中一个只能是这个质数自己，不然它的 2 倍就已经超过 99 了。所以庞涓的数也不可能达到和超过 55。如果他的数达到 55，55=53+2，53 是大于 50 的整数中最小的质数，那么鬼谷子的两个数里就有可能包含 53，孙膑就有可能只根据乘积知道答案。然而庞涓能够"肯定"这种情况不会发生。

这样一来，作为读者，我们就可以知道庞涓的数的范围了。在 4 和 54 之间，并且不可能是 2 个不同质数之和。这样剩下的只有 6，11，17，23，27，29，35，37，41，47，51，53 有可能了。在这里，6 也可以排除，因为 6 只能表达成 2+4，如果是 6，庞涓自己就知道答案了。51 也可以排除，因为 51 可能是 17+34。如果孙膑得到 578 这个乘积，马上会知道只能是 17×34，因为另一种乘法组合是 2×289 超出了范围。所以庞涓的数只可能是 11，17，23，27，29，35，37，41，47，53 其中的一个了。

问题解决的第二步：

孙膑说："我本来的确不知道，但是听你这么一说，我现在知道这两个数字是什么了。"

聪明的孙膑立即就猜出答案了。这又是为什么呢？

因为他手里的数虽然可以分解成多种乘积的形式，但是分解之后只能加出上面数中的一个，所以孙膑就知道只能是这一个答案。如果孙膑的数是 28。28 可能是 2×14，4×7，对应的和 16，11 中恰有 1 个在上面的数范围里。这时候，孙膑就可以知道答案是 4 和 7 了。再比如说，如果孙膑的数是 48。48 可能是 2×24，3×16，4×12，6×8，它们对应的和分别是 26，19，16，14。这四个数没有一个出现在庞涓的数可能范围里，所以孙膑的数不可能是 48。还有一种可能，比如说，如果孙膑的数是 66。66 可能是 2×33，3×22，6×11，对应的和是 35，25，17，有两个数出现了。这时候孙膑可就不知道答案了。

所以，孙膑的数只能是 28 这样的，而不可能是 48，66 这样的。而每一个这样的数也会对应到鬼谷子的数，比如 $28=4\times7$，也就知道了鬼谷子的数会是 4 和 7。

这样的可能的数和相应的数对组合总共有 86 种。

要在第二步心算出所有 86 组数对，可不容易了。毕竟是传说里的人物，这可是具有超级大脑才能做到的。

作为旁观者，要想知道这道问题的答案，可就得用计算机帮助计算才行了。虽然故事借用了古代的智慧名人，但这个游戏故事其实是人类进入到计算机时代后才出现的。

问题解决的第三步：

庞涓说："哼，既然你这么说，我现在也知道这两个数字是什么了。"

庞涓的数可以分解成多组数对之和，然而他能够猜出答案，当然是因为他的数所有可能的分解组合中只有一种出现在第二步得到的组合里。所以他也立即知道了答案。

在 11，17，23，27，29，35，37，41，47，53 这 10 个数中，只有 17 的分解在 86 种数对组合里只出现了一次：4+13。所以作为读者，我们就最终知道了答案：鬼谷子的数是 4 和 13，庞涓的数是 17，孙膑的数是 52。

在第二步里，可不可以不用计算机去算这 86 种组合呢？答案是可以。如果我们继续使用更深刻一些的数学知识，可以一步步的排除其中的某些情况。

由于第一步得到的 10 个数全是奇数，这就意味着做加法的两个数只能一个是奇数、一个是偶数。当庞涓的数能够写成一个 2 的幂次和奇质数之和的形式时，孙膑得到的数就可能是 2 的幂次和奇质数的乘积，那么他就可以立即知道答案。可是如果庞涓的数能够同时写成两种这样的形式，比如

$$23=4+19=16+7,$$

无论孙膑的数是 76 还是 112，他都可以知道答案。然而拿着 23 的庞涓却没有办法区分这两种情况，只好傻眼了。这就和故事的要求不符了。所以 23 不能是庞涓的数。按照这样的思路，我们可以在十个数里淘汰六个。读者们可以找一找哪六个数能够写成两种 2 的幂次和奇质数之和的形式。

按照类似的方法一个一个逐步分析，也可以确定最后的答案是 4 和 13。虽然

人工也能得到答案，但是利用计算机会更快。我们应当认识到，计算机是人类智慧的延伸，也是数学研究中强有力的工具。

2.18 弯弯曲曲的海岸线

曾经有人提出了这样一个看上去荒谬的命题："英国的海岸线的长度是无穷大。"他的论证思路是这样的：海岸线是破碎曲折的，我们测量时总是以一定的标准去量得某个近似值。例如，每隔 100 米立一个标杆，我们可以测得一个近似值。这个近似值是沿着每一段都长 100 米的折线段而得出的。如果改为每 10 米立一个标杆，那么会量出的是另一条折线的长度，它的每一段长 10 米。显然，后一次量出的长度将大于前一次量出的长度。如果我们不断缩小尺度，所量出的长度将会越来越大。由此，海岸线的长度就会成为无穷大了。

这个结论当然是错误的，无限增大的数并不一定就能达到无穷大，对不对？可是海岸线的长度到底应该怎么算呢？

海岸线作为曲线，它的特征是极不规则、极不光滑的，变化蜿蜒复杂，无法用常规的、传统的几何方法描述。在没有建筑物或其他东西作为参照物时，在空中拍摄的 100 公里长的海岸线与放大了的 10 公里长海岸线的两张照片，看上去十分相似。这种几何对象的一个局部放大后与其整体相似的性质被称为自相似性。美国数学家曼得勃罗特(Mandelbrot，1924～2010)(图 2.37)发现了不同海岸线之间几乎同样程度的不规则性和复杂性，提出海岸线在形貌上是自相似的，由此创立了几何学的一个新的研究领域——分形(fractal)。

图 2.37　曼得勃罗特

分形被用来描述部分以某种形式与整体相似的形状。据说分形的创立是基于巧合，曼得勃罗特原本是为了解决电话电路的噪声等实际问题而开始问题研究的，最后研究的延伸和扩展却使他发现了分形。具有自相似性的形态广泛存在于自然界中，大到连绵的山川、飘浮的云朵，小到粒子的布朗运动、人的大脑细胞……因此，这种研究在生活中也有着广泛的应用。

1967 年，曼得勃罗特在美国《科学》杂志上发表了题为《英国的海岸线有多长？》的著名论文。他用海岸线长度的问题揭开了分形研究的序幕。曼得勃罗特提出了一个重要的概念：分数维，又称分维。一般来说，维数都是整数，直线是一维的图形，矩形是二维的，我们的空间则是三维的。但是，曼得勃罗特提出可以用分数维帮助计算。他这样描述一个绳球的维数：从很远的距离观察这个绳球，可看作一点(零维)；从较近的距离观察，它充满了一个球形空间(三维)；再近一些，就看到了绳子(一维)；再向微观深入，绳子又变成了三维的柱，三维的柱又可分解成一维的纤维。那么，介于这些观察点之间的中间状态又如何呢？并没有绳球从三维对象变成一维对象的确切界限。为什么没有办法测准英国的海岸线？因为在观察距离改变的过程中，一维测度与海岸线的维数不一致。他计算出，可以认为英国海岸线的维数是 1.26，由此就可以确定海岸线的长度了。

分形的图案都是非常漂亮的(图 2.38)。分形是 20 世纪涌现出的数学思想的新发展，是人类对于维数、点集等概念的理解的深化与推广，也是非线性科学的前沿和重要分支。它与现实的物理世界也紧密相连，一出现就成为研究混沌(chaos)现象的重要工具。今天分形涉及的领域已经包括生命过程进化、生态系统、数字编码、动力系统，理论物理(如流体力学和湍流)等许多方面，应用案例层出不穷。有一些科学家认为分形几何有助于他们理解被观察的正常活细胞的结构和组成癌组织的病细胞的结构，还有人利用分形学做城市规划和地震预报。

图 2.38　分形图案

3 有用的数学

非欧几何的创立者之一罗巴切夫斯基曾经说过：“不管数学的任一分支是多么抽象，总有一天会应用在这实际世界上。”数学是在生活中诞生的，数学的发展也在不断地帮助人们解决生活中的实际问题。

3.1 田忌赛马

在战国时代，中国历史上的著名军事家孙膑曾在齐国将领田忌手下当门客。田忌常和齐威王以赛马赌输赢(图 3.1)。

图 3.1 田忌赛马

田忌的马有上、中、下三等。齐威王的马也有上、中、下三等，但每一等都比田忌同等的马好。田忌屡赛屡输，一筹莫展。一次他俩又下了每场 1000 两黄金的赌注。这次孙膑(图 3.2)对田忌说："我有办法让您赢"。

图 3.2 孙膑

比赛又开始了。齐王先出上马，孙膑让田忌先出下马，让齐威王轻而易举地赢了第一场；然后一场齐威王出中马，孙膑让田忌出上马，经过激烈比赛，田忌的马赢了；最后一场齐威王出下马，孙膑让田忌出中马，田忌的马又赢了(图 3.3)。3 场比赛，田忌以 2∶1 取胜，于是赢了 1000 两黄金。

图 3.3 孙膑的策略

田忌的反败为胜，使齐威王大为惊讶。于是田忌向齐威王推荐孙膑。齐威王任命孙膑为军师。此后孙膑屡建战功，而“田忌赛马”则成为中国历史上一个脍炙人口的故事。

虽然只是一个赛马赌胜的游戏，但其中蕴含的思想，却正是现代数学中对策论的萌芽。我们知道，对策论是现代应用数学的一个分支，它是一门关于斗争的学，主要是用数学方法来研究在竞争(包括战争、竞技、比赛等)中是否存在制胜对方的最优策略，并指示决策人采取最优行动。它又称为博弈论、游戏论或策略论。对策论的起初研究仅限于日常生活中的一些游戏，直到 1944 年数学家冯·诺伊曼(原籍匈牙利、后移居美国，von Neumann，1903～1957)(图 3.4)和经济学家摩根斯特恩(出生于德国、后移居美国，Morgenstern，1902～1977)(图 3.5)合著的《对策论和经济行为》一书问世，对策论才真正成为一门独立的学科。对策论基本思想的萌芽早在古代的兵法和游戏中就经常出现。其中最古老、最著名的例子，就要数我们前面讲述的这则赛马赌胜的故事了。

图 3.4 冯·诺伊曼

图 3.5 摩根斯特恩

用现代对策论的术语来说，田忌与齐威王的那场赛马实际上是一个“二人有限零和对策”。首先，参加这个赛局的有两方，一方是田忌，一方是齐威王，所以称“二人策”；其次，田忌有马三等，齐威王也有马三等，双方各用哪一等马去对付对方的哪一等马，其策略个数是有限的，所以又称“有限对策”；最后，每场比赛赌注千金，输方要拿出一千两黄金，而赢方则得到一千两黄金，双方输赢之和恰等于零，所以又称“零和对策”。对于田忌来说，他虽然也有上、中、下三等马，但每等都比齐威王的差，明显处于劣势的地位。在这样的情况下，如何找到一种最优的策略，使劣势变为优势，就成了田忌能否取胜的关键。就田忌一方而言，所有可能采取的策略一共有六种。可以计算，在田忌所有可能采取的六个策略中，有五个都是要输的。只有一个策略，也即是下、上、中的策略，才有可能取胜。而孙膑所采取的，正是这个唯一能取胜的策略。

对于双方形势和各种策略的利害得失详细分析，在所有可能采取的策略中选择一个利多弊少的最优策略，从而使劣势变为优势，最终取得胜利，这正是对策论的基本思想。“田忌赛马”是对策论思想在古代最早的创造性运用，是人类智慧的结晶。今天，对策论在经济、军事等许多方面都有着广泛的应用。

3.2 囚徒困境

“囚徒困境”也是对策论里经典的例子之一。讲的是两个嫌疑犯(A 和 B)作案后被警察抓住，隔离审讯；警方的政策是“坦白从宽，抗拒从严”。如果两人都坦白则各判 8 年；如果一人坦白另一人不坦白，坦白的放出去，不坦白的判 10 年；如果都不坦白，则因证据不足各判 1 年(图 3.6)。

在这个例子里，博弈的参加者就是两个嫌疑犯 A 和 B，他们每个人都有两个策略：即坦白和不坦白，判刑的年数就是他们的结果。可能出现四种情况：A 和 B 均坦白、A 和 B 均不坦白、A 坦白 B 不坦白、B 坦白 A 不坦白。

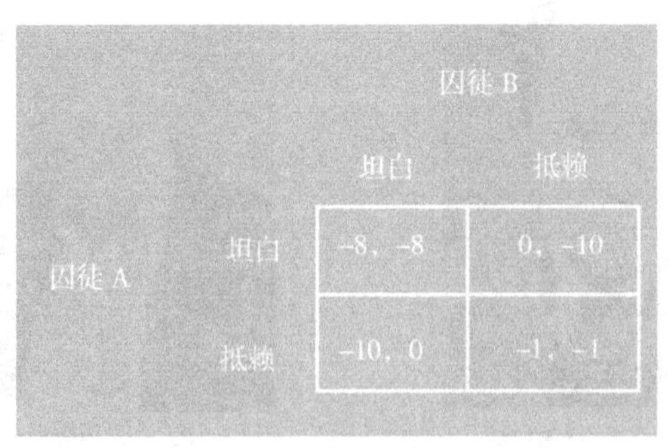

图 3.6　囚徒困境解释图

A 和 B 均坦白是这个博弈的理智决策结果。这是因为：假定 A 选择坦白的话，B 最好是选择坦白，因为 B 坦白判 8 年而抵赖却要判 10 年；假定 A 选择抵赖的话，B 最佳选择还是坦白，因为 B 坦白将不被判刑，而抵赖确要被判刑 1 年。即是说，不管 A 坦白或抵赖，B 的选择坦白都将获得比抵赖更好的结果。同样地，不管 B 是坦白还是抵赖，A 的最佳选择也是坦白。结果，两个人都选择了坦白，各判刑 8 年。

囚徒困境反映了个人理性和集体理性的矛盾。如果 A 和 B 都选择抵赖，各判刑 1 年，这个结果显然比都选择坦白各判刑 8 年要好得多。然而在(坦白、坦白)这组选择中，A 和 B 都不能通过单方面改变自己的行动增加自己的收益，于是谁也没有动力放弃各自的选择，只好留在这个平衡点上。博弈论中，这样的平衡点称为纳什均衡，是以非对称博弈论的创立者之一美国数学家、经济学家纳什(Nash，1928～2015)(图 3.7)的名字命名的。

图 3.7　年轻时的纳什

当然，A 和 B 可以在被警察抓到之前订立一个“攻守同盟”的约定。但是这可能也不会有用，因为这个约定不能构成纳什均衡那样的平衡点。违背约定会比遵守约定获得更好的结果，从利益上来说，没有人有积极性去遵守这个约定。

囚徒困境有力地解释了一些经济现象，在经济学上具有重大的意义。纳什就以他在本领域的贡献获得了 1994 年诺贝尔经济学奖。

3.3 法庭上的概率问题

想做动物保护者也是需要数学的。伯纳特(Barnett，1941～)是美国麻省理工学院斯隆商学院的一名教授，他就遇到了一件需要数学知识保护动物的事情。

扇贝是美国的渔业资源，为了保护幼扇贝免遭捕捞，美国渔业和野生动物保护机构规定“每个扇贝肉的重量至少 1/36 磅才可以捕捞”。1995 年，一艘船被指控违反了这个重量标准。这艘捕捞船抵达马萨诸塞州的一个港口时，港务人员抽选了其中的 18 袋来检查。港务人员从每一袋中取出一满勺扇贝，然后算出每个扇贝肉的平均重量。港务人员根据 18 袋的结果估计这艘船的每个扇贝肉的平均重量为 1/39 磅，低于标准，于是没收了捕获，然后进行了拍卖。

船主不服气，提出了诉讼。船主认为这艘船上有 11000 袋，检查人员只选了 18 袋，是不足以代表捕捞全体。于是，数学教授伯纳特就被找来咨询这一问题。用数学语言说："能够从一个容量 18 的样本中得到所有扇贝的平均重量，这个估计可靠吗？"

船主并不是完全的狡辩。伯纳特教授在法庭上介绍了相关的数学知识。原来，11000 袋是不可能全部都被检查的，港务人员只能从这些袋中选出一部分作为代表，这部分代表被称为样本。按照统计学的方法，只要达到一个合理的样本数，是可以保证在足够的概率范围内不出错的。然而按照统计知识计算出，对 11000 袋来说，这个合理的数字应该在 30 袋以上。可是，港务人员只抽出 18 袋作为样本，样本数太少了。虽然几乎所有的袋子都不满足法律要求，但冤枉捕捞者的概率仍然是比较大的。从法律上来说，这样的冤枉概率是不允许的。

由于检查人员没有足够的数学知识，诉讼失败了。捕捞船主逃脱惩罚，并且还获得了赔偿。要想合理地保护动物，也需要足够的数学知识。

3.4 招生中的歧视

面对同样一个事实，如果数学知识运用不恰当，很可能分析出完全错误的结果。比如说这个例子：某年某高校进行招生。财经系和工程系报考及录取的情况是：男生报考 800 人录取 350 人，录取率 44%；女生报考 600 人录取 200 人，录取率 33%。男、女生有这么大的录取率差别，难道说这个学校歧视女生？

再仔细查看一下统计数据。原来总共有 800 人报了工程系，其中男生 600 人中录了 300 人，女生 200 人中录了 100 人，录取率都是 50%。600 人报了财经系，男生报了 200 人录了 50 人，女生报了 400 人录了 100 人，录取率均为四分之一。所以其实并没有什么性别歧视。

问题的关键在于，四分之三的男生报了工程系，三分之二的女生报了财经系，这样在计算时就出现了差别，导致了怪异结论的出现。

上面是没有歧视被当成有歧视的例子，再看一个存在歧视现象却可能被当成没有歧视的例子。在某段时间，美国法庭进行了死刑判决人数的统计。一共是 326 个案例，被告的种族被简单地分为白人和黑人两类，其中 160 个白人被告，166 个黑人被告，共 36 个被判死刑。其中 160 个白人被告中 19 人被判死刑，死刑判决率是 12%；166 个黑人被告中 17 人被判死刑，死刑判决率是 10%。所以这样看，白人的死刑判决率高于黑人。不存在对黑人的歧视。

然而考虑受害者种族的时候，结论就完全相反了：如果被害人是白人，63 个黑人被告中，有 11 个被判死刑，死刑判决率是 17.5%，白人被告的死刑判决率则是 12.6%；如果受害者是黑人，则白人的死刑判决率是 0，黑人是 5.8%。也就是说，在考虑受害者种族的时候，黑人的死刑判决率高出 5 个百分点。

原来，这都是因为它们在统计时权重不一样。工程系和财经系之间男、女生报名差异很大，杀人案中白人杀黑人、黑人杀黑人、白人杀白人、黑人杀白人四种情况的数量也有很大的差别。不分析这些情况，直接考察总数据，就会造成数字大的数据占有主要影响，得到简单分析时的错误结论。

这就是统计学中著名的辛普森(Simpson，1922～)悖论：数据分析中局部与全部存在差异，有时分析的方向和结论会完全相反。出现悖论的原因往往是样本结构的问题，用统计专业的术语表达就是“权重”的问题。要将数据分析清楚，就必须搞清楚数据构成的结构问题。

3.5 银行里的数学

大多数人在生活中都会和银行发生联系，有时候为了存款，有时候为了贷款。不管是存贷款，都有利息问题。那么，你会计算利息吗？

一年期存款的利息比较简单。比如说，你有 10000 元存在银行，年利率是 1.5%，那么一年到期以后，你得到的就是

$$本金\ 10000 + 利息\ 10000 \times 1.5\% = 10000 + 150 = 10150(元)。$$

如果是多年期存款，就要考虑利息的利息，也就是复利了。比如说三年期存款，假定年利率是 3%。那么第一年结束以后，得到的是 10300 元。这些都是第二年的本金，第二年结束以后，得到的就是 $10300 + 10300 \times 3\% = 10609$。这里利息多出了 9 元，它是由第一年的利息 300 元产生的，所以称为复利。

依此类推，可以发现三年之后得到的应当是本金 10000 乘以 (1+3%) 的三次方。其他的多年期的计算方法是类似的。

除了存款，也许你还会向银行贷款，特别是买房屋、买汽车时经常会出现分期还贷。在这种情况下，你的贷款是怎么还的呢？比如说，你现在贷款 40 万，期限 10 年还清，年利率是 5%。

通常的还贷方式有两种。一种是“等额本金法”，也就是每年还相同的本金，每年 1/10 也就是 4 万，再加上这一年的利息。第一年还利息 $40 \times 5\% = 2$ 万和本金的 1/10 合计 6 万。第二年本金还剩 36 万，因此还利息 $36 \times 5\% = 1.8$ 万和本金 4 万合计 5.8 万。第三年需要还 5.6 万，等等，后面每年的还钱数可以依此

类推。聪明的读者可以发现，还钱数是按照每年 2000 递减的。这样的数列形式称为等差数列。因为数列中每一个数和前一个数的差刚好是相等的。

另一种还贷方式叫“等额本息法”，每年还的钱都是一样。这种还款方式利息是怎么计算的呢？假设你每年需要还的钱是 X 元。现在设想一个问题，你第 10 年还的也是 X 元，那么第 10 年的 X 元，相当于现在的多少元呢？假如说相当于现在的 Y 元，那么这 Y 元在 10 年之后就应该是 1.05^{10} 。$X = Y \times 1.05^{10}$ ，也就是 Y 相当于 $\frac{X}{1.05^{10}}$ 元。类似的，第九年的 X 元就相当于现在的 $\frac{X}{1.05^{9}}$ 元，第八年的 X 元就相当于现在的 $\frac{X}{1.05^{8}}$ ……第 1 年的 X 元就相当于现在的 $\frac{X}{1.05}$ 元。所有 10 年的值加在一起，当然应该等于现在的贷款 40 万，也就是说

$$X\left(\frac{1}{1.05}+\frac{1}{1.05^{2}}+\cdots+\frac{1}{1.05^{9}}+\frac{1}{1.05^{10}}\right)=40 。$$

这样的数列满足的性质是：每一个数和前一个数的比都是相等的。这称为等比数列，根据数学中的等比数列求和公式，我们可以计算出

$$X \cdot \frac{1}{1.05} \cdot \frac{1-1.05^{-10}}{1-1.05^{-1}}=40 ,$$

所以

$$X=\frac{2\times 1.05^{10}}{1.05^{10}-1} 。$$

这样的计算方法可以继续推广，假设你借了 M 万元，需要 N 年还清，年利率是 p，那么“等额本息法”的每年还款金额就可以确定为

$$X=\frac{M\times p\times(1+p)^{N}}{(1+p)^{N}-1} ,$$

这个值再除以 12，就是每个月固定的还款金额了。

3.6 推销保险

一天，法国的一位保险推销员到一所住宅里推销保险。正巧住宅的主人是一位数学家，结果来了一场反推销：推销数学知识。数学家向将信将疑的推销员介绍概率统计知识和保险的关系。

故事的最后结果是什么呢？保险推销员突然打断了数学家的话：“这里面怎

么会有 π 呢？我不相信圆周率会和保险有什么关系。”

这一次，推销员可是实实在在地犯错了。

保险业的成功是以数学的概率统计知识作为基础的。比如说车祸保险。保险公司首先需要统计某地发生车祸的概率，假设是万分之一点五。再统计每次车祸平均需要的赔款，假设是 50 万元。那么保险公司只要向两万人推销出这种保险，每人的保费是一百元。那么保险公司总收入是两百万元，而根据概率，车祸平均会发生三次，共赔 150 万元，这样保险公司就可以获得 50 万元的利润。

上面的计算是很简略的。车祸发生次数是随机的，有可能超过三次，也可能少于三次，具体发生次数的概率都是可以利用数学知识计算的。在保险公司里，往往有许多数学工作者在服务。

那么 π 在保险业中怎么会出现的呢？虽然保险问题中并不一定有圆形出现，但是不代表不会出现 π 啊。在概率统计中，将实际问题转化为数学问题的时候，往往都会出现多个未知数。这些未知数在空间中会形成直角坐标系，于是就经常会出现线的夹角这样的关系。用数学上的弧度制表示角度时都要用到 π，这里的 π 指的是半个圆周所对的圆心角，只是在弧度制下数值等于圆周率。概率统计问题中许多地方都会出现 π，这一点都不奇怪。在“蒲丰投针试验”里，我们还可以用随机试验的结果去计算圆周率 π。

3.7 随机的股票市场

金融数学是近十年来蓬勃发展的新兴边缘学科，在国际金融界和应用数学界都受到高度重视。人们大量地利用数学知识来分析金融现象，帮助人们处理金融事务。

比如说在股票市场上，人们经常使用均线系统辅助判断股票的走势(图 3.8)。

图 3.8 股票走势

所谓的均线是怎么得到的呢？例如五日均线。每一天都取过去五天的价格计算平均值得到一个点，把一段时间内每天的点用一条光滑曲线连接起来，就产生了五日均线；相应的10日均线，是由过去10天的价格取平均值得到的；等等。这种方法就是数学上的简单一次移动平均预测法。在股市中，人们建立许多数学模型，帮助自己对股票预测与估计。

由于金融市场的不确定性与高风险性，金融数学模型有许多是很复杂的。数学金融中使用的另一个著名例子，是Black-Scholes公式。

1973年由美国经济学家布莱克(Black，1938～1995)和斯克尔斯(Scholes，1941～)试图研究精确确定金融市场上期权价格、控制投资风险的有效手段。他们在股票价格的变化是几何布朗运动的假设下，导出了一个随机微分方程。在无套利状态下，利用随机分析的技巧，得到了在完全市场中无股息支付的股票的欧式看涨期权价格的显式解，今天称之为Black-Scholes公式。这一方法以套利理论为基础，表明了期权交易和有关金融证券的结合可以获得无风险的回报。其方法是先利用期权和有关证券达到无风险保值，然后再求期权价格或套期保值比率。Black-Scholes模型为投资者提供了一种系统的、不依赖人们对风险主观态度的估价方法，并且还为如何化解风险提供了完整的思路。

Black-Scholes公式出现后，随即引起大量的研究，尤其是在数学上对随机分析、随机控制、非线性分析、偏微分方程、数值分析、数理统计等许多方面都带来了极大的推动力。他们的理论构成了蓬勃发展的新学科——金融数学的主要内容；同时也是研究新型衍生证券设计的新学科——金融工程的理论基础。不掌握数学知识，也就没有办法了解金融的奥秘。

3.8 彩票中的数学

彩票是现在世界各国普遍存在的社会现象。在彩票里，也存在着数学。我们下面就来谈谈彩票的中奖概率。传统的彩票是数字型的。比如说7位的数字型彩票。号码总共有7位，1000万种选择，头奖的号码只有一个，单注中奖的概率就是一千万分之一。

也有彩票的类型是被称为“乐透型”的。比如“35选7”的方案：总共有35个号码，任意从其中选择7个作为一组。这样的选择数是组合数

$$C(35, 7)=35!/7!/28!=6724520(\text{种}),$$

一等奖中奖的概率也就是1/6724520。有的彩票设立二等奖，要求是选择的7个号码中，有6个和中奖号码的7个相同。这时，总选择仍然是6724520种，而能够中二等奖的号码总共是

$$C(7,6)\times C(28,1)=7\times 28\text{ 种},$$

所以二等奖的中奖概率就是 196/6724520，大约是 1/34308。

有的彩票还会再加一个因素——特别号码。先从 01～35 个号码球中一个一个地摇出 7 个基本号，再从剩余的 28 个号码球中选出一个特别号码。这时候总选择数就是

$$C(35,7)\times 28=188286560\text{(种)}。$$

用中奖的可能号码数除以这个总数，就可以得到这种情况下的中奖概率。

按照这样的方法，首先计算出中某一奖项的彩票号码有多少，再除以彩票号码的总选择数，就可以得到彩票中奖的概率。这个计算，也需要用到组合计数的知识。

不过，无论如何，彩票都有一个原则。概率统计的知识告诉我们，彩票这样的随机事件，每一次都是独立的。下一次的中奖号码和之前曾经出现过的中奖号码没有任何关系。中奖的概率只和彩票的方式有关。

3.9 体育比赛对阵表

在当今的时代，体育比赛是社会的一个重头戏，经常会获得很大的关注。在体育比赛中也是贯穿着许多数学知识的。体育比赛中有一种比赛制度叫循环制，每支球队都要和所有其他球队交锋。有些职业联赛要进行主客场双循环制比赛，比赛还要再增加一倍。比如有 20 个队，一个循环就是 19 轮的比赛，整个联赛双循环要打 38 轮。

比赛既然有这么多轮，那么怎么安排比赛进程就是个难题了。一张让大家满意的赛程表必须是所有球队所有轮次都有比赛可打，不能出现球队在某些轮次空闲的的情况。如何安排赛程，就是我们前面介绍过的组合设计的研究内容。下面我们就来介绍其中的一个安排方法。

(1)假设给所有球队一个编号：分别是 1，2，3，…，20。第一轮比赛的时候，让 1 号和 20 号交锋，2 号和 19 号交锋，3 号和 18 号交锋……最后是 10 号和 11 号交锋。

(2)从第二轮开始，与 1 号交锋的球队号码每次降 1，依此分别是 19 号、18 号……2 号，刚好打满 19 轮。

(3)其他号码的球队，如果上一轮的对手是 1 号球队，那么下一轮和比自己小 2 的号码交手。比如第一轮 20 号对 1 号，那么下一轮 20 号球队的对手就会是 18 号。

除了和 1 号球队交手的那一轮以外，如果上一轮的对手是 2 号球队，那么下一轮就和 19 号交锋。如果上一轮对手是 3 号球队，并且无法对 1 号，那么下一轮就对阵 20 号。

(4) 其他号码的球队，除了和 1 号球队交手的那一轮以外，每轮交手的号码比前一轮降 2。比如 11 号球队第一轮与 10 号球队交手，那么下一轮就与 8 号球队交锋；而 10 号球队则与 9 号球队交锋。

按照以上的方法排赛程表，大家就可以得到一个完整的循环赛赛程，保证比赛期间所有球队的对手都是可以安排并且不重复的。而最初编号的时候，每个球队的号码可以抽签产生。

3.10 邮递员问题

一位邮递员从邮局选好邮件去投递，然后返回邮局，他必须经过他负责投递的每条街道至少一次。请为他设计一条投递路线，使得他行程最短。

这个问题由于是中国数学家提出的，所以称为中国邮递员问题。在国际上，也有人有另外一种表达方式，把它叫作旅行商问题(Traveling Salesman Problem，简称 TSP)：

有一个推销员，要到 n 个城市推销商品，他要找出一个包含所有 n 个城市的具有最短路程的环路。

如果用数学上的图论语言描述，也可以这样表述它的数学模型：这些街道可以看成是连通图的边，每条边有一个赋权表示它的长度，要求一个包含所有边的回路，且使此回路的长度最小。

如果这个图是欧拉图，也就是我们在“七桥问题”中所说的可以“一笔画”的图，那么回路的长度就是固定的，只要求出道路的顺序就可以了，问题就简单多了，数学家们已经有了很好的办法。但是，如果是不能“一笔画”的，那么就意味着邮递员必须重复走过某些街道。哪些街道要重复走呢？问题就复杂多了。

随着数学家们的研究，TSP 问题已经有很好的算法去解决了。但是这个问题仍然非常重要，因为它可以和关于多项式时间的 NP = P 问题联系起来。这里 P 是 polynomial，NP 是 nondeterministic polynomial 的缩写，分别指多项式时间和非确定性的多项式时间。什么是多项式时间呢？这是电子计算机研究中使用的。假如说现在要计算的问题中有 1000 个数，计算机需要有 1000 的 k 次方单位的时间来计算。现在数字从 1000 个增加到 1001 个，如果计算的时间只需要增加到 1001 的 k 次方单位，那么这就称为多项式时间。因为计算时间可以用 n 的 k 次方这样的多项式形式给出。

不要以为这样很大，其实只要 k 不是特别大，那么对电子计算机而言，计算时间就是可以接受的。真正可怕的是那些指数式时间。假如说，数字每增加一个，计算时间就增加一倍，那会怎么样呢？2 的 1000 次方的时间。就像棋盘上的麦粒一样，数学里有很多问题都是这样的：理论上有了计算思路，但是如果找不到更简单的方法，只能直接计算的话，需要的时间长度很长，有的比太阳系甚至宇宙寿命的时间都长。

NP 问题是介于多项式时间和指数式时间之间的问题。人们猜测这些问题都应该有多项式时间的解，但总是寻找不到，能想出的只有超过多项式时间的算法。所以称为非确定性的多项式时间。证明 NP = P 就是证明这些问题都可以用多项式时间解决，中国邮递员问题就是其中之一。NP = P 是当今世界上最重要的数学问题之一，正等待着无数的数学家们去展现自己的智慧。

3.11 最省钱的电话线

在 20 世纪的数学的图论研究中，有一个著名的斯坦纳比难题。关于这个难题，有一个有趣的故事：

假设现在有三个城市 A，B，C，相互之间分别相距两千公里，而我们需要在三个城市之间架设电话线，使三个城市实现联络。一种办法是分别联通 A-B 和 B-C，A-C 之间也可以通过已有的两条线路实现联系。两条线路总长 4000 公里。美国大名鼎鼎的贝尔电话公司一直是按照这种办法架设线路并进行收费的。1967 年，一家精明的航空公司提出了另一个办法。三个城市构成了一等边三角形，在这个等边三角形的中心取点，同时和三个城市连线(图 3.9)。虽然线路多了一条，但是很容易计算，三条线的长度分别是 $2000\sqrt{3}/3$ 公里，总和是 $2000\sqrt{3}$，大约是 3464 公里，小于 4000 公里。

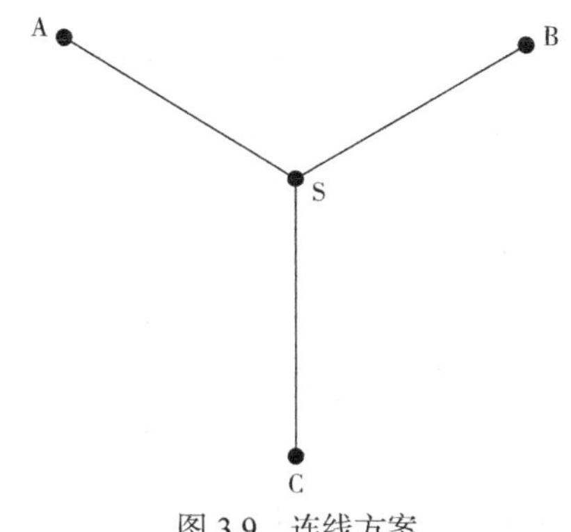

图 3.9 连线方案

按照美国法律规定，贝尔电话公司必须按最小可能收费。换句话说，贝尔电话公司即使按前一种方案架设了 4000 公里的线路，也只能按后一种方案架设 3464 公里收费。再说，还有没有其他更简短的方案出现呢？

贝尔电话公司这下可慌了神，于是立即命令贝尔实验室的数学家进行研究。数学家们很快发现，这实际上是一个 20 世纪 30 年代在离散数学中被提出过的问题，但是一直没有解决。现在遇到了经济生活中的实际应用，问题一下子变得重要了。数学家们提出了如下猜想：对欧氏平面上的任何有限点集，其最小的 Steiner 树同最小发生树的长度之比(称为 Steiner 比，即斯坦纳比，所以这个问题称为斯坦纳比难题)不小于 $\sqrt{3}/2$。换言之，上述的正三角形中心加点法就是最佳方案了。

贝尔电话公司松了一口气，但是毕竟不能完全放心，问题还没有完全解决，答案还停留在猜想阶段。数学家们也不太甘心。这样的初等而又难解的问题，戏剧性的背景和应用的意义，都使得数学家们对这个问题有了格外的兴趣。

不过这个问题没有象数学界另外一些著名猜想那样拖个几百年。1990 年数学家堵丁柱与贝尔实验室的黄光明研究员合作，从一个全新途径，给出了斯坦纳比难题一个证明。这个看似简单的问题，严格证明也是很繁琐的，两位数学家使用了许多数学工具，转了好几个圈才把所有的证明思路连接起来。最短线路架设问题才得到解决(注：2012 年，有俄罗斯学者称证明有漏洞，现存争议)。

3.12 韩信点兵与编码

韩信(公元前 231～前 196)是中国汉朝时期的著名军事家。所谓韩信点兵，是说这样一个数学问题：韩信想知道手下到底有多少士兵，于是让士兵站成排。3 个人站一排多 1 人，5 个人站一排多 2 人，7 个人站一排多 2 人，问士兵至少有多少人？

这个故事出自于《九章算术》。它的解决办法后来经过宋朝数学家秦九韶(1208～1261)的推广，又发现了一种算法，称为“大衍求一术”。“大衍求一术”是中国古代数学的伟大成就之一，在国际数学界也被称为“中国剩余定理”。

关于韩信点兵问题，在中国的古代数学书上流传着这么一首歌诀：“三人同行七十稀，廿树梅花五一枝，七子团圆正半月，除百零五便得知。”它的意思是说：将所求数(正整数)除以 3 所得的余数乘以 70，除以 5 所得的余数乘以 21，除以 7 所得的余数乘以 15，再将所得的三个积相加，并逐次减去 105，减到差小于 105 为止。所得结果就是该数的最小正整数值。

用这首歌诀计算上面的“韩信点兵”问题，我们便得到以下的算式：

$$1\times70+2\times21+2\times15=142，142-105=37，$$

即这群士兵共有 37 名。

《孙子算经》上还有一道著名的“物不知数”问题：“今有物不知其数，三三数之余二，五五数之余三，七七数之余二，问物几何。”也利用上面的歌诀来算，便可以得到算式：

$$2\times70+3\times21+2\times15=233，233-105\times2=23，$$

即所求物品最少是 23 件。

上面的这个问题，就是数学中的同余方程组问题。在“物不知数”问题中，设物体共有 m 个。m 除以 3，5，7 所得的商分别为 x，y，z，那么由题意，可以得到方程组

$$\begin{cases} m=3x+1, \\ m=5y+2, \\ m=7z+2, \end{cases} \quad \text{或者} \quad \begin{cases} m\equiv1(\operatorname{mod}3), \\ m\equiv2(\operatorname{mod}5), \\ m\equiv2(\operatorname{mod}7)。 \end{cases}$$

这里 $m\equiv1(\operatorname{mod}3)$ 表示 m 除以 3 的余数为 1，读作 m 模 3 余 1。

这样的同余方程组实际上有无限多个整数解。比如说上述方程组的解就是 $m\equiv23(\operatorname{mod}105)$，也就是所有除以 105 余数为 23 的整数。这些数中，大于 0 且最小的就是 23。

同余方程组的知识在实际生活中也是有用的。

假设现在有一家企业，需要给自己生产的产品编号。这个号码需要能记录生产产品的车间、机器以及产品的生产日期。但是它又不希望这些要素明白地打在产品上，被竞争者发现。于是就要想个秘密的编号方法，既要让企业管理者自己明白，又要让其他人只看编号看不出任何信息。

利用同余方程组，我们就可以给出一个办法。我们取五个比较大的质数，比如说 29，37，73，17，31，把这些质数作为除数建立一个同余方程组：

$$\begin{cases} m\equiv k_1(\operatorname{mod}29), \\ m\equiv k_2(\operatorname{mod}37), \\ m\equiv k_3(\operatorname{mod}73), \\ m\equiv k_4(\operatorname{mod}17), \\ m\equiv k_5(\operatorname{mod}31)。 \end{cases}$$

这里的 k_1,k_2,k_3,k_4,k_5 分别对应到车间号、机器号，生产年、月、日。根据数学上的中国剩余定理，对每一组这样的号码，在 1～43674319 之间只有一个数和

它们对应，而且这个数很容易用公式计算出来。我们就可以用这个数作为产品上的编号。对企业来说，从这个编号出发，非常容易就可以知道车间、机器等信息。但是对其他人来说，不知道这五个质数的时候，只看编号是不会知道这些信息是什么的。

这种方法具有实用性，且在一些工业企业和商业企业中常被使用。

3.13 数论与密码

20 世纪有一位著名的英国数学家哈代(Harold，1877～1947)，他曾经说过这样一句话："我所最自豪的，就是我研究的东西没有一点用处。"这有什么自豪的呢？原来，哈代是一位和平主义者。他痛感于人类科学的许多成果被用于战争，觉得自己研究的数学领域——数论是一门与现实、与战争无缘的纯数学学科，因此说出了这样一句话。

哈代说这句话的动机令人钦佩，但是时代的发展却最终证明这句话是不对的。数论是数学中最古老、最纯粹的一个重要数学分支，研究的是整数(尤其是正整数)的性质，长期以来一直被认为是一门优美漂亮、纯之又纯的数学学科。然而，在计算机科学深入发展的今天，数论早已不再是一门纯数学学科，变成了一门应用性极强的数学学科了。在今天，数论已经在密码学中有了非常广泛而深入的应用。能用于密码学，也就能够在战争中使用了。哈代虽然早已去世了，但他的研究成果不被用于战争的愿望终究没有实现。

现代密码学中已经应用了许多数论的成果，我们不一一介绍了。在这里我们只说其中比较著名的一个：RSA 算法。RSA 算法是这一体制的发明者李维斯特(Rivest，1947～)、萨莫尔(Shamir，1952～)和阿德曼(Adleman，1945～)的首字母缩写，他们于 1978 年在美国麻省理工学院研制出了这一密码体制。

RSA 算法也是借助于质数来建立的。质数(也称为素数)指的是那些只能被 1 和它本身两个数整除的正整数。质数有无穷多个，每个大于 1 的整数要么是质数，要么能够被表示成若干个质数的乘积。后者也称为合数。虽然所有的合数都一定能够分解成质数的乘积，但是大合数的分解计算非常麻烦，计算时间是指数式的。两个大素数相乘在计算上是容易实现的，但将该乘积分解为两个大素数因子的计算量却相当巨大，大到甚至在计算机上也很难实现。RSA 体制就是建立在巨大的难以实现的计算基础上。

实施 RSA 算法的步骤及要点如下。

(1)设计密钥：先仔细选取两个互异的大质数 P 和 Q，令 $r=P\times Q$，$z=(P-$

$1)\times(Q-1)$；接着寻找两个正整数 d 和 e，使得 d 和 z 的最大公因子为 1，并且 $e\times d$ 除 z 的余数也为 1。这里的(e,d)就是公开的加密密钥，而(d,P,Q)就称为解密密钥。

比如说令 $P=5$，$Q=11$，取 $e=3$；可计算出

$$r=P\times Q=5\times 11=55;$$

$$z=(P-1)\times(Q-1)=(5-1)\times(11-1)=40;$$

利用数论知识可以计算 d：由 $e\times d\equiv 1 \pmod{z}$，即 $3\times \mathrm{d}\equiv 1 \pmod{z}$，可得 $d=27$。这时，加密密钥为：$(e,r)=(3,55)$，解密密钥为$(d,P,Q)=(27,5,11)$。

(2) 现在可以设计密文了。将要发的信息数字化，并按每块两个数字分组。将所有字母编码：空格 = 00，$A=01$，$B=02$，…，$Z=26$。假若说我们要发一个词“me”，他的编码就是：13，05。

现在我们用加密密钥(3，55)加密。用每个数字的 $e=3$ 次方除以 $r=55$ 求余数得：

$$C1=2197 \pmod{55}=52,\ C2=125 \pmod{55}=15。$$

因此，得到相应的信息为：52，15。

(3) 当对方收到了密文 52，15，若需将其解密，只需计算每个数字的 $d=27$ 次方除 $r=55$ 的余数就可以了。对于这样大的次数，数学上另外有简单的数论办法可以计算，并不需要真的去计算 27 次方。计算得：52 的 27 次方除 55 余 13，即字母 m，15 的 27 次方除 55 余 5 即字母 e。现在对方就知道信息是 13，05，也就是“me”了。

因为对方已经事先知道质数 P，Q 是 5 和 11，所以知道 e，d 分别是 3 和 27，解密过程的计算是很简单的，可是外人只知道 r 是 55，就必须在分解质因数得到 5 和 11 后才能去解密。

在实际使用中，密码编制者们用的 P，Q 都是 100 多位甚至更多位的质数。在只知道 $P\times Q$ 的积的情况下，即使用当今世界最快的电子计算机计算，也需要数亿年这样天文数字的时间才能分解出 P，Q 来。当然也就不可能破译出发送的信息了。

现代社会是信息化社会，信息的获得、存储与传递都是十分重要的问题，而密码则是一种独特而重要的信息传递方式，重要性在军事对抗、政治斗争、商业竞争等许多领域都是不言而喻的。所以密码学是一门方兴未艾的

研究领域，值得有志者们去不断的付出努力。在密码学中，数论又有着至关重要的作用。

3.14 鉴定古画

1945 年 5 月 29 日，两名荷兰警察来到阿姆朗特丹市凯策斯格拉赫特街 321 号，奉命逮捕了荷兰画家米格伦(Meegeren, 1889～1947)。

米格伦为什么被捕呢？原来，米格伦不仅是画家，也是画商。他在第二次世界大战期间把荷兰 17 世纪著名画家维米尔(Vermeer，1632～1675)的油画(图 3.10)高价卖给了德国的空军部长、纳粹头子戈林。对于荷兰来说，米格伦的行为，构成了“叛国罪”。

图 3.10　维米尔名画《倒牛奶的人》

“叛国罪”当然是很严重的罪行，然而出人意料，米格伦不仅不承认自己的“叛国罪”，反而声称自己是“爱国者”！他申辩说，那幅卖给戈林的名画，并非维米尔的作品，而是他伪造的赝品!他用赝品欺骗了敌人，当然是一种“爱国行为”！

可是戈林是一位精明的名画收藏家，赝品能瞒过他的眼睛吗？米格伦在狱中伪造了维米尔另一幅油画以证明他的能力。可是，“才出狼窝，又入虎口”，法院改为审理他的“伪造”罪。原来，他不仅伪造了卖到德国的油画，还伪造了一些在国内卖，现在一起露馅了。米格伦最后被判处一年有期徒刑，好歹比“叛国罪”强。

米格伦的伪造名画案，震惊了欧洲。可就在人们议论纷纷的时候，米格伦因心脏病发作，于 1947 年 12 月 30 日死于狱中。他一死，又节外生枝。有人说，米格伦在监狱中画的维米尔的画，并不那么像。米格伦实际上并未伪造过维米尔的画。他主动交代“伪造名画”，只是为了开脱自己的“叛国罪”。

一直到 1967 年，美国卡内基·梅隆大学的科学家用现代科学方法进行鉴定，才最后解决这一疑案。美国科学家用的方法，类似于识破假古董用的年代测定。油画中的白色颜料，过去是用碳酸铅。铅，也有好几种同位素，其中最多的是铅 210，半衰期为 22 年。在天然的铅矿中，铅 210 是由镭 226 衰变而来的。镭 226 的半衰期为 1620 年。在铅矿石制成白色颜料的过程中，镭 226 被排除了。颜料中铅 210 得不到镭 226 的补充，经过衰变会不断变少。因此，只要测定颜料中铅 210 和镭 226 的比例，就可以测出颜料的大概年代。

根据测定，那些由米格伦卖出的“名画”，用的是 20 世纪的新颜料，根本不是维米尔的 17 世纪的颜料。也就是说，科学家们断定，那些画确实是伪造的。

在这次判定中，综合运用了物理和数学的知识。这样的方法同样也可以用来鉴定其他名画和古董的真伪。现在人们已经利用“离子探针分析仪”来鉴定古董。离子探针分析仪是非常灵敏的仪器，它能激出一束比针还细的离子束，深入古画的颜料层中，分析出颜料的化学成分。由于探针极细，几乎无损于原画。离子探针分析仪用氧气或者氩气，在离子源中电离，再加速、聚焦，成为一束纤细的高能离子束。用它轰击样品，使样品“溅射”出离子，经质谱仪分析，测得化学成分。如今，离子探针微分析仪不光用来鉴别古画，而且也广泛用于电子工业、半导体工业、考古学等方面。

3.15 CT 机与数学

众所周知，诺贝尔奖中是没有数学奖的。不过，这并不意味着数学家就得不了诺贝尔奖。科学的各个领域之间是相互联系的，这个领域的科学家经常在其他科学领域也作出贡献。确实也有一些数学家，曾经凭借着在其他领域的成就获得诺贝尔奖，比如我们前面介绍过的纳什。这一节我们将介绍一位理论物理学家，他利用自己的数学知识获得了诺贝尔医学奖。

这位物理学家是科马克(Cormack，1924～1998)（图 3.11）。1955 年，科马克在南非开普敦市工作。按照南非的某项法律，医生在应用放射性同素和其他物理治疗时，必须有物理学家在场监督，所以科马克在开普敦大学物理系任讲师的同时，也兼职在开普敦市一家医院放射科工作。由于工作的关系，他对癌症的放射治疗和诊断产生了兴趣。他想，这怎么能确定适当的放射剂量呢？

图 3.11　科马克

大家知道，自从德国物理学家伦琴(Röntgen，1845～1923)发现 X 射线之后，由于 X 射线可以透视人体，所以医学界就一直利用 X 射线进行医学诊断。然而科马克发现传统 X 射线装置是将人体立体的三维形象显示在二维的胶片或荧光屏上，并且不同深度方向上的信息容易重叠，引起混淆。而且医生在计算放射剂量时，是把非均质的人体当作均质看待的，这很容易造成 X 射线所用的剂量过大，引起人体损伤。

科马克决心改变这一情况。他认为要改进放射治疗的程序设计，应把人体构造和组成特征，用一系列前后连续的切面图像表现出来。这个工作无疑是困难的。

首先要完成这项工作，必须了解人体。幸好科马克是动手能力强的物理学家，又身在医院，可以向医生们请教。科马克运用多种材料、多种形状的物体直至人体模型做实验，做好了这方面的准备。

其次，要将 X 射线照射传回来的信息转化成立体图像，中间又牵涉到大量的数学计算。不同的人体物质有不同的 X 射线衰减系数。如果能够确定人体的衰减系数的分布，就能重建其断层或三维图像。但通过 X 射线透射，只能测量到人体的直线上的 X 射线衰减系数的平均值(这是积分)。当直线变化时，此平均值(依赖于某参数)也随之变化。需要通过这个平均值求出整个衰减系数的分布。碰巧的是，科马克也具有这方面的知识。原来早在 1917 年，奥地利数学家拉东(Radon，1887～1956)就有了一项研究成果——后来被命名为拉东变换。在数学上，这是一个积分变换，正适合于应用到这个问题上。

在这个故事里大家可以发现，跨学科的科学发现都是在特殊的情况下由特殊的人做出的。必须要有一个人同时具有多方面的知识背景，才可能把不同学科遥远的知识联系起来。科马克就是这样一个人。经过近 10 年的努力，他终于解决了计算机断层扫描技术的理论问题，于 1963 年首先建议用 X 射线扫描进行图像重建，并提出了精确的数学推算方法。科马克为这项技术的诞生奠定了基础。

与数学有关的部分结束了，但是 CT 的故事还剩下另外一半。科马克完成了理论工作，但是真正的仪器还没做出来呢。还需要什么呢？要做现实的仪器，必须要有一个设备制造者；图像转换的数学计算方法虽然有了，但是计算量是很大的，必须要用计算机。而当时电子计算机发明的时间还不长，了解的人也不多；另外，还需要这个人也对医学感兴趣。这又需要三个领域的知识。这个具备以上知识背景的人，是英国人豪恩斯菲尔德(Hounsfield，1919～2004)(图 3.12)。

图 3.12　豪恩斯菲尔德

豪恩斯菲尔德一直从事工程技术的研究工作。他受聘于英国的电器乐器工业有限公司从事研究工作，尝试将各项电子技术应用于制造有新型用途的仪器。在科马克等人研究的基础上，豪恩斯菲尔德选择了 CT 机作为研究的课题(图 3.13)。好在他参与过英国电子计算机的制造，对计算机技术的原理和运用非常熟练，所以研制中的难题一个个被解决了。

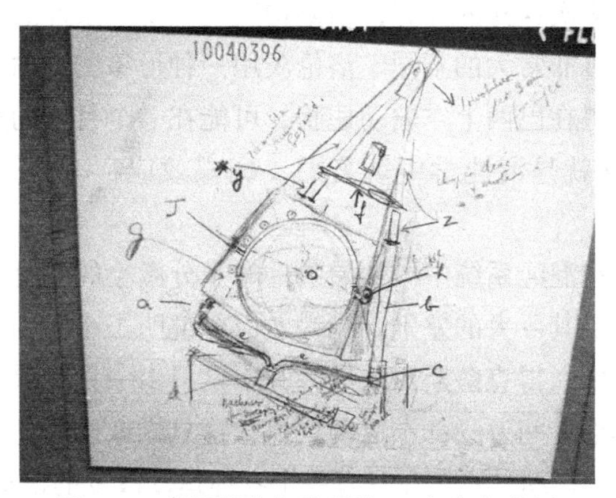

图 3.13　豪恩斯菲尔德所绘 CT 机框架草图

经过多年的艰苦攻关，1969 年，豪恩斯菲尔德终于首次设计成功了一种可用于临床的断层摄影装置，并于 1971 年 9 月正式安装在伦敦的一家医院里。这是“放射诊断学史上又一个里程碑”。

X 射线计算机断层扫描仪(简称 CT)是放射医学领域的一次革命性突破。有了这项技术，医生们对患者的诊断更加方便有效，无数人的生命因此被拯救了。为了表彰这一新型医学仪器的巨大贡献，1979 年的诺贝尔生理学和医学奖授给了科马克和豪恩斯菲尔德这两位没有专门医学经历的科学家。

3.16 蝴蝶与风暴

美国气象学家洛伦茨(Lorenz，1917～2007)曾经提出这样一篇论文，名叫《一只蝴蝶拍一下翅膀会不会在得克萨斯州引起龙卷风？》。这个耸人听闻的标题好象夸张到不可思议，但是它却描述了一个重要的现象。这种现象从此被戏称为“蝴蝶效应”。

故事发生在 1961 年的冬天，一天，洛伦茨象往常一样在办公室操作气象电脑。平时，他只需要将温度、湿度、压力等气象数据输入，电脑就会依据三个内建的微分方程式，计算出下一刻可能的气象数据，因此模拟出气象变化图。这一次洛伦茨想更进一步了解某段记录的后续变化。他把某一时刻的气象数据重新输入电脑，让电脑计算出更多的结果。电脑处理数据资料的速度不快，在结果出来之前，足够他去喝杯咖啡并和友人闲聊。一小时后，结果出来了。令他目瞪口呆的是，新的资讯和原资讯出现了巨大的差异。初期数据还差的不多，到了后期，数据差异就越来越大了。经过检查，问题并不出在电脑，而是出在他输入的数据差了 0.000127。而这微小的差异却造成了天壤之别。

洛伦茨又做了多次这样的计算，结果均表明，初始条件的极微小差异，很可能会导致计算结果有非常大的不同。洛伦茨用一种形象的比喻来表达他的这个发现：一只小小的蝴蝶在巴西上空煽动翅膀，可能在一个月后的美国得克萨斯州会引起一场风暴。这就是混沌学中著名的“蝴蝶效应”，也是最早发现的混沌(chaos)现象之一。

混沌理论认为在混沌系统中，初始条件的十分微小的变化经过不断放大，对其未来状态会造成极其巨大的差别。蝴蝶效应就说明了小问题也会引起大错误。当然，在现实生活中，得克萨斯州的风暴并不是只由一只蝴蝶决定的。如果除了这只蝴蝶以外，其他世间万物都不运动，那么这只蝴蝶确实会引起得克萨斯州的风暴。可是万物都在运动，不存在只有一个物体运动改变的情形。

单独一个运动并不能决定未来。群体在概率学角度上的总体运动趋势，才是决定未来的因素。但是，不管其中的因素再小，都会对未来产生影响，所以是不能忽略的。如果其他所有因素都不变，那么这个因素的微小变化最后也会造成非常大的影响。

洛伦茨的结论和他那绝妙的比喻以深刻的科学内涵和内在的哲学魅力，给人们留下了极其深刻的印象。“蝴蝶效应”的说法从此风靡世界。

后　序

要想进入数学王国，产生兴趣是第一步。感受数学的优美、体会数学的魅力，是对数学产生浓厚兴趣的最好方式。学习的过程需要勤奋和努力，需要持之以恒的热情，而兴趣是最好的助燃剂。对于具备良好的学习习惯和积极主动的学习态度的人来说，数学会是大展拳脚的舞台。

数学是思考的科学，能够充分锻炼人的思维能力和创新能力。数学问题的解决，有时候是解题经验的总结，是数学家们数学思维的积淀，有时候也来源于数学家灵光一现的创意。勤于思考、善于思考，将让你在数学王国里更加自由。

数学是有用的科学。它在人类的生活中无所不在，以独特的方式帮助人们解决生活中的各种问题。学好数学吧，它会为你未来的飞翔插上一对有力的翅膀。